U0397453

我们周围的物种大战

生活中的生物学

柳德宝 著

华东师范大学出版社

图书在版编目（CIP）数据

我们周围的物种大战 / 柳德宝著. —上海：华东师范大学出版社，2019
（生活中的生物学）
ISBN 978-7-5675-8702-1

Ⅰ. ①我… Ⅱ. ①柳… Ⅲ. ①生物学—青少年读物
Ⅳ. ①Q-49

中国版本图书馆CIP数据核字（2019）第041025号

生活中的生物学
我们周围的物种大战

著　　者　柳德宝
文字整理　唐　艳
责任编辑　刘　佳
审读编辑　林青荻
责任校对　时东明
版式设计　高　山
封面设计　风信子

出版发行　华东师范大学出版社
社　　址　上海市中山北路3663号　邮编 200062
网　　址　www.ecnupress.com.cn
电　　话　021-60821666　行政传真　021-62572105
客服电话　021-62865537　门市（邮购）电话　021-62869887
地　　址　上海市中山北路3663号华东师范大学校内先锋路口
网　　店　http：//hdsdcbs.tmall.com

印 刷 者　杭州日报报业集团盛元印务有限公司
开　　本　787×1092　16开
印　　张　9
字　　数　57千字
版　　次　2019年4月第1版
印　　次　2022年8月第2次
书　　号　ISBN 978-7-5675-8702-1/Q · 068
定　　价　52.00元

出 版 人　王　焰

（如发现本版图书有印订质量问题，请寄回本社客服中心调换或电话021-62865537联系）

序言

在生活中，只要细心观察、勤于思索，就不难发现身边有趣的生物学难题，比如：蚕宝宝为什么爱吃桑叶、会吐丝，米蛀虫为什么可以不喝水，苍蝇为什么难打，跳蚤为什么难捉。生物界充满趣味盎然的爱恨情仇，由此产生奇妙的动物共生与相克现象，其间小蜘蛛居然能智斗大蛇而取胜，植物不靠农药却能吃掉害虫，克隆了猴子又能克隆大熊猫……物种演绎出丰富而精彩的生命现象。在19世纪科学研究的基础上，在孟德尔（G.Mendel）研究的基础上，摩尔根（T.Morgan）成了现代遗传学的鼻祖。后来学者又提出了基因学说，促使如今科学家在分子水平上研究生物学并取得了突破性的进展。

历经几十年的学术科研、普及提高工作，生物学已拓展成包括分子生物学在内的生命科学，它与自然科学中的各种学科纵横交叉，构成了一门综合性的学科。以此学科为导向，我“学而时习之”、“温故而知新”，从没间断过对这门学科的学习和关注，尤其是对昆虫学这门专业的学习。我关注国内外的相关创新、发现，不断地进行文献摘录、积累资料、编制卡片。在长年累月的学习研究中，更参考其中的昆虫生态学、生理学知识，编写了不少喜闻乐见的普及文章。

在这套“生活中的生物学”丛书的编辑工作中，华东师范大学出版社聘请中科院上海生命科学研究院青年硕士生唐艳同学为本人整理书稿。她在对书中章、节的编制整理上，充分发挥了她的特长。她以坚实的生物学基础，以浓厚的兴趣，不顾体倦神疲，全身心地投入，精细地编目辑录，使书稿凸显出层次、系列，使我从中获得启迪。谨致谢意。此书部分彩照为曹明先生所赠，亦致谢忱。

柳德宝

2018 年 7 月 5 日

目录

第一章 生物界的爱恨情仇

动物的共生与相克 3

害虫的克星——鸟类 8

30 万只青蛙与 30 亿只害虫 12

猫和老鼠 17

丝兰蛾与丝兰的故事 20

马蜂斗螳螂 22

小蜘蛛为何能制伏大蜈蚣 24

蚂蚁捕蝉记 28

蚂蚁的朋友和敌人 32

蟋蟀的姻趣 36

用蚊子来消灭蚊子 40

微型花园里的哨兵 43

第二章 赖以生存的生物环境

地球上处处有昆虫 48

都市的病态——污染 50

生态环境与生物多样性 54

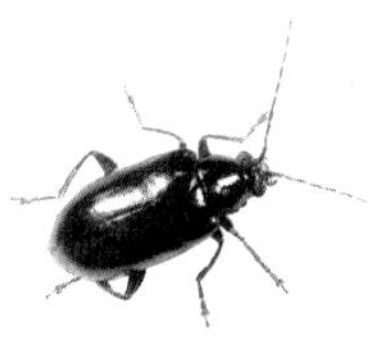

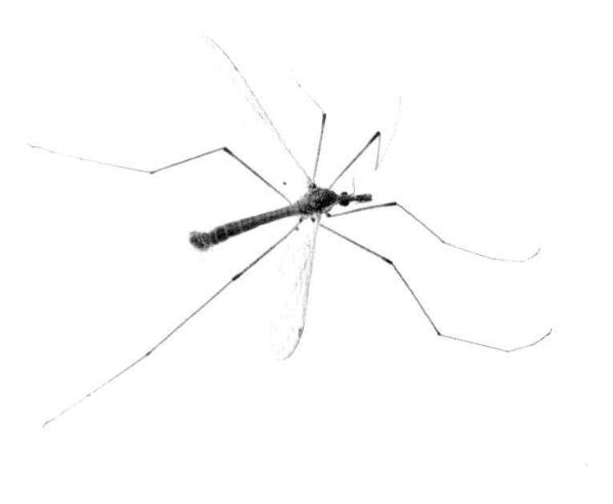

21 世纪的生物资源 58

森林、水、空气 68

野草的贡献 72

动物的“维生素”——土壤 76

生物的濒危——向人类敲响了警钟 78

一叶知秋 81

第三章 科技前沿大揭秘

21 世纪的生命科学 86

昆虫资源的开发与展望 89

克隆大熊猫是否可能 94

摧癌魔弹——单克隆抗体 100

微胶囊为农业服务 103

装在细胞里的药物 107

病毒都是杀手吗？——从微生物谈起 110

从橘子皮上的绿绒毛说开去 114

从石油中提取“血液” 117
给作物“种痘” 120
我国对人工寄生卵研究获成果 123
近代医药学的新课题——蜂毒 125

后记 132

第一章

生物界的爱恨情仇

池塘边的自然生态图

在自然界，动物群集在一起，它们有的互相协助，有的互相冲突，维持着一种生态平衡的状态。

图中的苍鹭、松鸡、蜗牛、蜻蜓、水蛇、鲤鱼、甲虫、蝌蚪等动物在池塘这一方小天地里共同生活着。

（图片来源：视觉中国）

动物的共生与相克

在大自然里，动物群集在一起，有的互相协助，有的互相冲突，使自然环境处于一种错综复杂的关系中，维持着生态平衡。

柳条鱼吃孑孓

在南温带国家的河流里，生长着一种专食蚊子幼虫孑孓的柳条鱼，这种鱼也叫食蚊鱼。

柳条鱼繁殖能力强，雌鱼在40分钟内就能产出40—80尾小鱼。

柳条鱼的生存能力极强，在鱼类中少见。它能在污潭中生活，也可在死水般的池沼里生活，这些地方，正是孑孓孳生繁殖的温床。它的食量可大呢，每天吞食上万条孑孓还填不饱肚子，于是人们把柳条鱼放进污水里，使其大量繁殖，孑孓就成了它们的美餐佳肴了。

蝴蝶与橘树

蝴蝶美丽诱人，它在空中飘飞，人称“会飞的鲜花”。这些会飞的“鲜花”都是蝴蝶的成虫，是从卵、幼虫、蛹依次发育而成的。

蝴蝶在幼虫阶段，是柑橘园里的大害虫，从一条幼虫发育成蛹，要吃掉几十到几百片橘叶，使橘树不能开花结果；蝴蝶幼虫多的时候，几千亩的橘园的橘叶几天之内就会被啃食精光，橘树成了秃树。

种橘的农民不得不用农药将橘树上的蝴蝶幼虫消灭掉。蝴蝶幼虫被消灭了，有名的专食橘叶的凤蝶也就减少了，然而凤蝶却是一种受人喜爱、可制作成各类标本的蝶种。

为了既要保存凤蝶的数量，又要种好橘树，台湾专门建立了饲养凤蝶的蝴蝶饲养场，场内种了大批不同品种的橘树，尤其是专长树叶少结果的树种，把它们的叶子采来供凤蝶幼虫食用，不久，幼虫便发育成大批品种多样且艳丽多姿的凤蝶成虫，由凤蝶成虫制作的凤蝶标本成了台湾和世界市场的热门货。正是由于人们掌握了科学技术，蝴蝶与橘树这一生态关系得

到了平衡的发展。

昆虫中的“盗贼”

欧洲有种天蛾叫骷髅天蛾，它全身的模样难看极了，身上布满了黑色的花斑，背上的花斑像个骷髅。

它是昆虫中的“盗贼”，喜欢吃蜂蜜，常常偷盗蜜蜂过冬的食粮。骷髅天蛾有一套哄骗伎俩，它用长吻和唇上的角须相互摩擦，发出一种“呜呜”的声音，仿佛蜂王在“分娩”时发出的声音。蜜蜂中的工蜂不轻易螫刺敌人，但对来犯者会群起而攻之，可是工蜂对骷髅天蛾的声音的警惕性不高，误认为是蜂王发出的声音，于是都纹丝不动，安安静静地听凭这位“大盗贼”横冲直撞。

蜜蜂酿的蜜很多，自己吃得很少，却给骷髅天蛾掠夺去了大多数的蜜汁。

蝴蝶要经历从卵、幼虫到蛹，再到成虫的蜕变。蝴蝶是美丽的“会飞的鲜花”，可是它的幼虫却是果园里的大害虫。

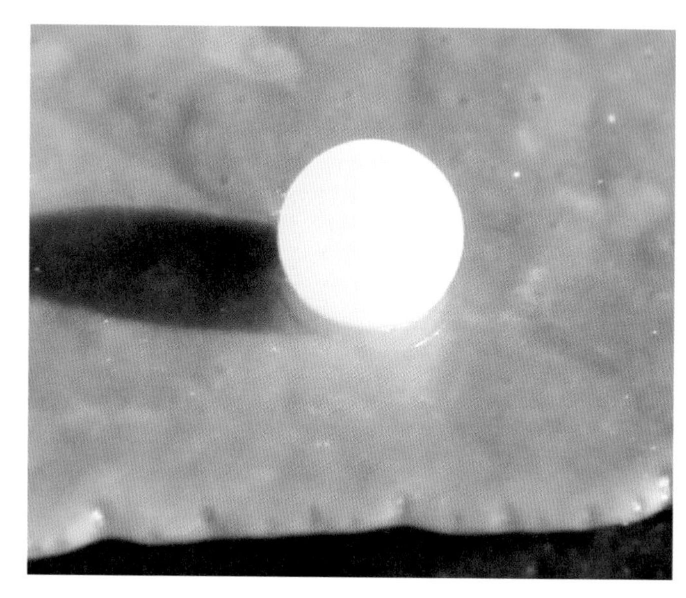

① 树叶上的一粒柑橘凤蝶的卵。

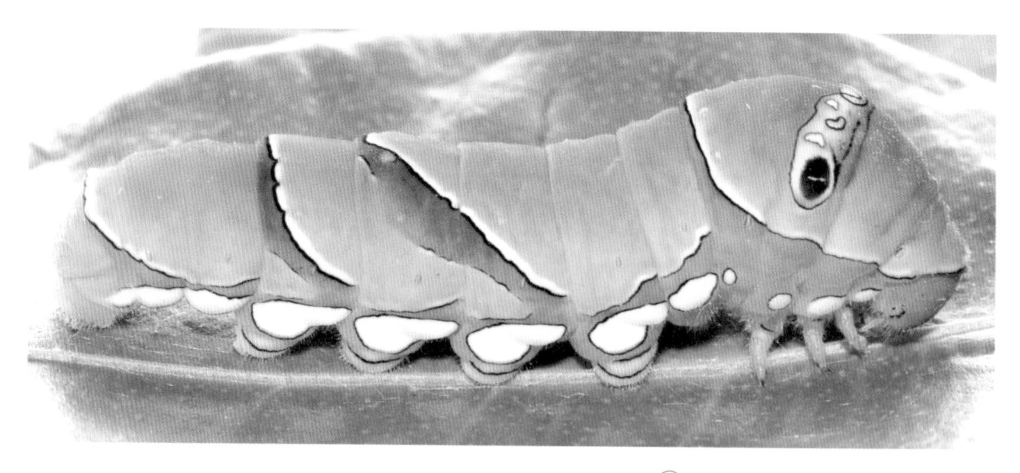

②

② 柑橘凤蝶的幼虫。

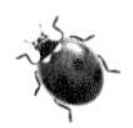

③

④ ⑤

柑橘凤蝶的成虫：图③为雌虫，图④为雌虫侧面，图⑤为雄虫。图片①—⑤均拍摄于日本。作者：Alpsdake

（图片来源：https://commons.wikimedia.org/wiki/Papilio_xuthus）

害虫的克星——鸟类

蝽象

蝽象，也经常写作椿象，是蝽科昆虫的总称。负子蝽、长蝽、放屁虫等都是常见的蝽象。这类昆虫喜欢吸食植物汁液，危害水稻、蔬菜、果树等的生长。

（图片来源：百度图库）

昆虫是动物界中数量最多的群体，它的繁殖能力大得惊人。据联合国粮农组织统计，每年的粮食有 20% 是被虫子吃掉的。外国科学家曾做过有趣的统计，如果将每年被害虫蛀食的苹果合并起来，足足可以堆积成一座 22 层楼高的大厦，可见害虫危害之大！

鸟类以食虫为主

人们防治害虫很少注意鸟类的惊人作用。据鸟类专家初步统计，全世界已知鸟类有 9000 余种，中国就有 1400 多种，占 15% 以上。这么多的鸟类中食虫的雀形目为最多，有几千种，其他的鸟类很少是不食虫的，所以鸟类专家告诉大家吃虫子最多的要属鸟类。

中国科学院有个动物研究所，其中研究鸟

类的专家曾在河北省昌黎县的果林里考察了 53 种鸟类，其中有 46 种鸟类的吃虫数占其总食量的 80% 以上。人们又做了几个实验和统计，发现绯掠鸟仅仅一顿早餐就需要 50—60 只蝗虫，饲养在笼内的一只鸻鸟 5 天共吃了 454 只蝗虫，如果把 4—5 只鸻鸟所吃的蝗虫头尾相接起来，可达 3 公里长。将野外捕捉到的 20 只鸮鸟做检查，发现它们胃中所含的食物中害虫占了 98%，在其中一只的胃内发现了 1106 只金龟子、68 只甜菜象鼻虫、1 只金花虫、4 只蟏象、10 只蝗虫。

金龟子
（图片来源：百度图库）

金花虫
（图片来源：百度图库）

鸟类食虫本领高

有些鸟依仗嗅觉，能根据害虫的分泌物气味，寻找到成群的白蚁巢穴，一举歼之。有不少昆虫有一套隐身法，然而“魔高一尺，道高一丈”，鸟类也学会了“跟踪追击”的本领。如啄木鸟的嘴长且尖又硬，舌很细，长一二十厘米，能伸缩，舌尖还有逆钩。专门饲养啄木鸟的专家做了深入的研究，发现啄木鸟取食昆虫时，舌能伸入树洞把虫钩出来，还能用舌上的黏液将虫粘出来。不仅如此，科学家发现啄木鸟逮虫的速度和数量从没被记录过，于是，他们用高速摄影装置每秒钟拍下300张啄木鸟食虫的画面，冲洗胶片后，秘密终于被发现，原来啄木鸟的舌头像一根绷得很紧的橡皮筋，它以极快的速度像子弹一样从嘴里射出，然后急速地带着猎物缩回，闪电般地完成全部动作，伸出舌头、抓捕猎物、缩回舌头三个动作总共仅用三十分之一秒，肉眼是不可能看清的。又据观察，一对燕子每年育雏两次，一窝小燕子一小时至少喂15次，一天以喂12小时计算，一天至少喂180次，平均每天要喂600多只虫。

辽宁沈阳，在浑河南岸的一处杨树林里，一对啄木鸟夫妇在辛勤地飞来飞去给幼仔喂食。

（图片来源：视觉中国）

燕子的主要捕食对象是蚊子、蝇、蛾子、蝼蛄，它们还有边飞、边捕、边吃的本领呢！

行动起来保护鸟类

现在，人们对鸟类还存在某种偏见，例如认为乌鸦是“不吉祥的鸟”，麻雀是“四害之一”。其实麻雀除收获季节吃谷粒外，检查它们的胃发现，多数季节它们主要吃的是蝗虫、蝼蛄、金龟子、蝽象等农业害虫，因此，它们不好的名声应得到“平反”。

我们应该大声疾呼：不要摧残鸟类，要对其严加保护。据统计，因人为原因导致的鸟类绝种率比自然条件下的绝种率要高 4 倍。国际自然及自然资源保护联盟调查后列出 410 种有绝种危险的鸟类，其中不少属名贵珍禽，甚至连博物馆都采集不到这类标本了。为此，国际上都在采取相应的措施，如将近 500 万名鸟类观察者正致力于保护在美洲繁殖的 650 种鸟类；日本已建立了“环境厅鸟兽保护课”，指定了 462 个保护区，订法令，定制度，每年有“爱鸟周”，推动了保护鸟类的群众活动。我国每年也有爱鸟组织举办活动，教育青少年和狩猎爱好者要珍视祖国的鸟类。

30 万只青蛙与 30 亿只害虫

21 世纪初，研究生态环境的科学家来到江南某城调查，发现菜市场在几天内竟卖出了 15 吨青蛙，约有 30 万只。据科学测算，1 只青蛙一年能消灭 1 万只蝼蛄、金龟子等害虫，而 30 万只青蛙能捕食 30 亿只害虫，如此众多的害虫可蛀食千亿斤的庄稼。除虫的青蛙少了，粮食生产者势必要加大农药的施用量，农药又造成环境污染，如此恶性循环，生态系统就失去了平衡！

与此同时，有一个人类爱护青蛙的举措得到了世界环境组织的赞扬。澳大利亚承办 2000 年奥运会时，悉尼市郊的一大片沼泽地曾计划开辟、营造为奥运会的主会场，政府拟投资 20 亿澳元。但生态环境专家提出，这一工程将消

青蛙是人类的朋友。（图片来源：百度图库）

灭或驱赶大批青蛙，而且其中有许多种类是需要保护的。于是主办者改变了这一庞大工程的实施方案，改在邻近的场地修建奥运会的设施，并制定了相应的保护措施，还特别建立了隔离区，以免影响青蛙的正常生活，甚至人们的排泄物及其生活用水的排灌都与青蛙的沼泽地严格分开。

澳大利亚为此把修建运动场的经费，从20亿追加到40亿澳元，增加了一倍。与此对比的是我国江南某城所卖出的30万只青蛙，这些无辜的小生灵被一些人当作美味佳肴吃掉了，而卖青蛙的人则大发“横财”，至少赚了50万元人民币。而颇具讽刺意味的是，国家因此损失的经济价值，就被害虫蛀食的庄稼、耗费的农药、环境污染的治理费用测算，十倍于50万元人民币还远不止呢！

青蛙与癞蛤蟆是一对孪生兄弟，它们在幼年时期，便是长得活泼可爱的小蝌蚪，如果人们大批逮来玩耍，无疑也会减少它们在田间种群的数量。青蛙，俗称“田鸡”，全身光滑，穿着黄绿条纹服饰，蹦跳善游，讨人喜爱；而癞蛤蟆，又称蟾蜍，全身满是黑灰色疙瘩，没有一块光滑的皮肤。两兄弟都是消灭害虫的能手，尤其是癞蛤蟆，它虽其貌不扬，却有着独特的功能：在它的耳后腺及皮肤腺部位能分泌白色浆液，称作蟾酥，是传统的中药材，有抗炎、强心、升压、局麻等作用，它是制作“六神丸”

的重要原料。

保护青蛙不能局限于经济领域，更应提高到保护人类的家园及人与大自然和平共处的高度来认识，因为“青蛙—人类—生态”是大自然中共生共荣的“链条”，谁也少不了谁。

这张图片拍摄于2018年4月15日贵州省黔东南苗族侗族自治州台江县田野里。喜欢潮湿、阴暗环境的两只树蛙从树林来到田野里栖息、觅食。树蛙一般生活在海拔1000米以下的山区的阔叶林中，由于该蛙栖息地环境质量下降，近年来种群数量很少，已濒危，平日难得一见。

（图片来源：视觉中国）

英国“捕鼠官”——帕默斯顿，它在2016年4月至2017年9月间抓到了至少27只老鼠。

（图片来源：视觉中国）

猫和老鼠

长久以来，“科学养猫，安全灭鼠”一直是生态学研究的课题。

曾有国际会议统计，地球上有鼠类100亿只，因鼠害造成的损失约为170亿美元，相当于世界上25个最贫穷国家国民生产总值之和；仅以粮食损失而言，每年即达5000万吨之多，足够2亿人一年的口粮。

鼠类除了有发达的嗅觉外，还能啃咬坚硬的铅管，能啃穿上下的楼板。它们不断地啃磨，目的是防止门牙无限制地生长，因为老鼠的门牙一个月就会长出3厘米，如不磨损则到老年时会长到70—100厘米，达到惊人的长度。

猫之所以能夜逮老鼠，且神速准确，多半依仗其眼力，这是因为夜视动物的视网膜上有

无数的视杆感光细胞，它们需要大量的维生素A作为养料，而动物的肝脏是维生素A的贮存库，猫类猎食老鼠、鱼类、鸟类等小动物就是出于生理的本能需要。

远在唐宋时代，养猫捕鼠已普及于民间。从古至今，猫被“聘请”到家里一直受到人的礼遇和宠爱，人们养猫有情，抱于膝上同坐，甚至共床而眠，但娇生惯养却引致相反的效果：娇猫终日饱餐，挑食懒动，对老鼠冷漠视之。其实家猫是由野生猫驯化而来的，它们在野外过的是饥不择食的生活，自然见鼠就逮，成了老鼠的天敌。所以家猫娇养必酿鼠灾。

近年有人已将兽皮业发展到以各种猫科类的皮毛制裘，更有甚者，以偷逮家猫做非法买卖，牟取钱财。某些地区曾一时由于猫的销声匿迹，老鼠就在人们的住处大摇大摆。

人们广泛用灭鼠药诱捕老鼠，我国生产的鼠药已有10多种，但老鼠凭其灵敏的嗅觉，每当有一只中毒后，群体内就会互相传告，不会再“上钩”，有的还会产生抗药性。孟加拉国因鼠害甚烈，发明了一种简易的以鼠灭鼠法，

得到国际组织的认可和推广。这种药物能使鼠粪干结而堵塞大肠，鼠腹胀、疼痛难忍，在鼠群中乱咬冲撞，自残伤亡，且易被人捕杀。这种以鼠灭鼠的生物学方法，比用其他药物捕杀要安全。近年鼠类学家已用遗传工程技术研究控制鼠类的繁殖力，使雄鼠的精子基因失去遗传功能，雌鼠的卵子受精后不能发育，这是一项意义重大的老鼠不育工程，将在21世纪中大放光彩。

科研人员在乡村里推广使用慢性安全的杀鼠剂。这种杀鼠剂可与大米配制成诱饵。

（图片来源：视觉中国）

丝兰蛾与丝兰的故事

蛾类昆虫中的“小朋友”丝兰蛾，全身披着银白色的鳞片，身体寸把长。与它攀亲结友的一种植物叫丝兰，它细长的绿叶形如刀剑，边缘有卷曲的白色丝线，在我国许多庭院里栽培着供人们观赏。

丝兰蛾与丝兰结成了生死之交。

花要靠相互授粉才会结果。丝兰蛾深知丝兰的脾气，丝兰的雌花花粉很黏，不易被风吹散进行授粉，别的昆虫又怕丝兰花粉黏性大，不敢也不愿来光顾，唯有丝兰蛾既会用嘴去亲近花粉，又善用脚去采集花粉，使丝兰得到授粉。于是，丝兰蛾成了丝兰的“花媒人”，“久友”成“知己”，它们彼此便成了好朋友。

丝兰为了报答丝兰蛾，等丝兰蛾完成授粉

任务后，便慷慨地让丝兰蛾把自己的小宝贝——卵，产在丝兰雌蕊的子房里。由于丝兰蛾做媒，丝兰花的种子成熟了，而产在子房里的蛾卵，也渐渐孵化变成了幼虫。丝兰花气量很大，还把自己的种子给丝兰蛾的幼虫当“粮食”，幸好丝兰的“贮粮”绰绰有余。丝兰的种子成熟后大批垂落到土壤里，丝兰蛾的幼虫也随同下地。

这一边，丝兰种子在土壤里发芽，生根，长出新的丝兰；另一边，丝兰蛾结茧，度过冬天，羽化为新一代飞蛾，与丝兰共同迎来一个新的春天。它们就岁岁月月相依为命，奇妙合作，互惠互生，成了永伴相随的生死朋友。这样的关系在生物界里称为生物共生，它是生态平衡中生命之网的一个组成部分。

丝兰蛾与丝兰互惠互生。

（图片来源：视觉中国）

马蜂斗螳螂

庭园内不知哪天来了几只马蜂，在园角屋檐下嗡嗡盘旋，不久出现了一只马蜂巢，日积月累，膨大起来，仿佛悬挂了一只壁灯，由一根细柄支撑着。

一天，一只翠绿的螳螂如天兵降临，停在蜂巢上，威武凶悍，一双似刀的前足对着在蜂巢上爬行的马蜂砍下，被砍的一只马蜂似乎施放了求救信号，说时迟那时快，被惹怒的马蜂瞬间倾巢而出，摆开阵势，把螳螂团团包围起来，密密麻麻趴在螳螂的背上、头上、足上乱咬乱螫。螳螂疼痛难熬，挥舞大刀，不甘示弱，进行反抗，可是马蜂却紧紧地咬住它，围住它。不一会儿，螳螂呈现出慌乱紧张的样子，身体欲动不得，一对似刀的前足无力举起，翅膀颤抖着，过了

些许时候，螳螂慢慢瘫痪下来，但见六足痉挛，身子抽动，最终僵直死去。

我惊呆了，在另一头用面巾包裹头面，露出两眼，戴了手套，攀梯远眺马蜂下一步的动作。这时的马蜂仿佛经历了一场剧烈的战斗，在空中盘飞，好像在欢呼胜利，慢慢地越飞越少，似乎偃旗息鼓，凯旋了。

再看留在巢面上的少量马蜂正在打扫战场，它们猛扑在螳螂的躯体上，仍不断地螫刺，用大颚拖咬螳螂，而且还用两对长而强健的中、后足支撑身体，用前足搬动猎物，将螳螂身体咬碎，衔着分解的肢体，边飞边拖，回巢而去。

黄蜂，俗称马蜂。这是特写镜头下的一只德国黄蜂。

（图片来源：视觉中国）

小蜘蛛为何能制伏大蜈蚣

在生物界的生存竞争中，以小制大、以弱胜强是常有的事。前些时日，有人亲眼看到小蜘蛛制伏了一条大蜈蚣：在搏斗之中，大蜈蚣被小蜘蛛置于死地。那么蜘蛛要的是什么本领呢？

蜘蛛属节肢动物门蛛形纲，经分类已有7万种之多，小如尘粒的叫尘蛛，大如拳头的叫食鸟蛛。食鸟蛛生性凶残，从小虫到飞鸟都能捕猎。非洲有种食鸟蜘蛛，它结的网非常结实，经得住几百克的重量，捕猎鸟雀不在话下。蜘蛛对同类也十分残忍，雌蜘蛛在与雄蜘蛛交尾后，竟然把雄蜘蛛咬死吃掉，以补充营养。初生的小蜘蛛同住一网也互相残杀，直到分散居住，方才罢休。

蜘蛛的眼睛能窥视四面八方，结网时吐的丝直径只有二百分之一毫米，但比同样粗细的铁丝坚韧得多，猎物一旦触到网，蜘蛛便会得到信息。它的八只脚的底部能分泌一种油质的液体，起到润滑作用，使蜘蛛像有轨电车一样在网上来去自如。有的蜘蛛不会织网，只能在田间巡回捕食，过着游猎生活。

蜘蛛吃东西，独具一格，它爬近猎物，先要伸出两只靠近口部的螯肢刺入猎物体内。螯肢由一对钩爪、输出管与毒腺组成，据国外科学家初步研究，这种毒腺含有组氨酸、丝氨酸和其他 11 种药物学上的活性成分，其中的肽类毒素能使动物的中枢神经麻痹而死亡。绿豆小的蜘蛛之所以能制伏大蜈蚣，就是依仗了这一对有毒素的螯肢：当螯肢刺入蜈蚣体内时，毒液通过钩爪尖端流出来，促使蜈蚣麻痹痉挛而死亡。蜘蛛的嘴很小，没有牙齿，完全依靠吮吸进食，它有一个吮吸胃，胃内的消化液中有一种类似消化酶的成分，待猎物麻痹后，它能把消化液注入其体内，先把猎物消化成液汁，然后依靠胃壁的收缩，把液汁慢慢吸进去，最

后猎物只剩下一个难以消化的空壳。当然，小蜘蛛吃掉大蜈蚣不是绝对的，因为蜈蚣头部也有毒腺，如果蜘蛛被蜈蚣咬住，蜈蚣的毒汁流入蜘蛛体内，蜘蛛同样会死亡。

蜘蛛的毒素也能致人死亡，在美国，仅在1959年至1973年的14年间，就有1726人因被蜘蛛咬而得病，其中有55人死亡。目前国外科学家对蜘蛛毒素的毒理、性状尚在进一步探索研究之中。

居室的一角，一只蜘蛛正和蜈蚣对峙。战况到底如何？蜘蛛真的会输吗？摄影：Lightnen

（图片来源：https://commons.wikimedia.org/w/index.php?search=Spider+centipede&title=Special:Search&go=Go#/media/File:Centipede_Stalk.JPG）

蚂蚁捕蝉记

2007年6月14日，拍摄于美国伊利诺伊州，蝉（雄）的背面图。作者：David C. Marshall

（图片来源：https://commons.wikimedia.org/wiki/File:Cicadettana_calliope_calliope_male_US.IL.QHR_male_dorsal_view.jpg）

幽静的庭园里也潜伏着生物的杀机，在石榴树上就曾上演一场蚂蚁捕蝉记。

那是秋日的晴朗夜间，皓月当空，在土中生活了几年的幼蝉从树根下破土而出。它向树干上端缓慢爬动，片刻后就静止了，它渐渐裂开背上的皮壳，翻着身将肢腹用力从壳里蜕出。蜕壳的蝉，两翅透明而嫩绿，乳白色的身躯渐渐变成金黄色，因此，人称“金蝉蜕壳”。之后，新蝉振动翅膀，身体开始变成黑褐色，前后约摸经历了三个小时，而旧壳仍粘固在树上。

此时的蚂蚁在树身上下巡视着，像在寻找食源或围攻的目标。蝉在蜕壳后不能马上移动

身体，蚂蚁却凭着嗅觉和触觉，探知此时蝉如大病初愈，无招架之力，便上去“挑战”；但刚蜕壳的蝉，感觉也很灵敏，当蚂蚁上去碰撞时，蝉身就狂怒似地振动着，将蚂蚁驱散。约有六七只执行侦察任务的蚂蚁轮番上去东嗅西闻，然后有一二只蚂蚁离开蝉匆匆而去，另一些仍在原地打转窥视着。不一会儿在几只蚂蚁的带领下，几十只甚至数不清的摇头晃身的蚂蚁组成浩浩荡荡的蚂蚁军团围攻新蝉，它们从各个侧面包抄猎物，将振翅欲飞的蝉团团围住。

蚂蚁的口器有咀嚼、穿切、刮割、舐吸的能力，虽然蚂蚁与蝉的体型相比，如老鼠见了大象，然而蚂蚁以利颚当武器，钳住蝉身不放，再加上它们身上的信息素有 12 种之多，彼此通讯联络协调而明确，大大加强了战斗力。

蚂蚁仿佛在无声的指挥下，向蝉发起啃食攻势。当被密密麻麻的蚂蚁咬住身体后，开始还振翅的蝉只能痉挛地颤动，绝望地踢蹬，听任蚂蚁肢解了。腿被啃断了，蝉翼被折断了，几只蚂蚁又集中向蝉的胸腹要害部位咬去，因那里是蝉的软肋，而蝉的背部却有护甲硬壳，

蚂蚁便很少去袭击这个部位。几个小时后，蚂蚁群已把蝉撕裂成碎块，蝉身犹如五马分尸，硬壳也随之断裂。蚂蚁们拉的拉，拖的拖，较大的体块便由几只蚂蚁扛着连拉带拖移入蚁穴，成为贮粮。

一群食肉蚂蚁（Iridomyrmex purpureus）正在吞食蝉。蝉长约60—70毫米，蚂蚁长约15毫米。图片拍摄于澳大利亚，2009年11月11日。作者：jjron

（图片来源：https://commons.wikimedia.org/w/index.php?search=ant+Cicadidae&title=Special:Search&go=Go&searchToken=8ai4yst66lnxzmzxg68hlovec#%2Fmedia%2FFile%3AAnts_eating_cicada%2C_jjron_22.11.2009.jpg）

蚂蚁的朋友和敌人

在大千世界里，生物为了繁衍生存，不得不扮演各种朋友和敌人的角色，以适应自然的选择，蚂蚁便是一位大名鼎鼎的角色扮演者。

蚁、菌、鸟、兽的争斗

南美洲有很多蚂蚁，其中有一类黑头蚂蚁在地下筑穴营巢，可是在地面上有一种叫食蚁兽的动物是蚂蚁的天敌，它以吃营养很高的蚂

巴西的巨型食蚁兽(Myrmecophaga tridactyla)。（图片来源：视觉中国）

蚁为生。蚂蚁为了躲避这个敌人，在地下与一类放线菌结为盟友。放线菌在短短几天里经过快速繁殖，在蚁穴周围不断地缠绕，最后绕成了一个线团，将蚂蚁围在里面，只留了一条小径供蚂蚁出入。蚂蚁在里面也不断地将自己身上散发的热量供应给放线菌取暖，以增殖菌丝体。此时的食蚁兽，嗅到放线菌挥发的一阵阵霉气，就嗅而生畏，不敢接近，蚂蚁就确保了自己的安全。说也巧，那里有一种体小而嘴长的长嘴鸟，专门啃挖放线菌的菌丝体，把菌丝体啄出来后，掺和在树枝和碎叶里，当成砌巢的材料，最终成为小鸟的安乐窝。蚂蚁突然没有了放线菌的菌丝体的保护，全部暴露在外，这时的食蚁兽就紧跟在小鸟后面，美餐蚂蚁了。

大乔木上的恶与善

不少蚂蚁是森林的卫士，森林与它们结为生死之交。很久前，在巴西的密林中生活着一群啮叶蚁，它们嗜好吃长在树枝上大如手掌的树叶，专门爬上几十米高的大乔木，从下而上地一片片啃嚼掉树叶，几天之后，大乔木成了一棵棵光秃秃的树干。大乔木因没有叶子吸收

空气、水分和阳光，就成片地枯萎而死。后来，树林里来了一大批益蚁，它们发现大乔木的枝节间有孔隙，就像一根长笛上的圆孔，益蚁便在里面栖身，丝毫不伤害大乔木，同时，大乔木的叶、柄、茎都会不断地长出含有蛋白质、脂肪的小颗粒，于是益蚁不断地搬食，小颗粒不断地生长。每当啮叶蚁来危害大乔木时，益蚁就群起而围歼。最终，大乔木得救了，益蚁也有了栖身之地。大乔木与益蚁相依为命，大乔木也就被称为“蚁栖树”了。

残忍的欺压

在蚂蚁社会里，由于“民族”种类多，部分种群强而大，常常会有以强欺弱、以大压小的自然现象。有时，经过一小群兵蚁侦察，一大群工蚁在蚁后的指令下，闯入邻近另一群弱小的蚂蚁的巢内，将巢内的幼小子孙全部押回自己的巢内，待到它们长大后，便将它们作为奴隶肆意虐待，强令它们干各种劳役，一直到劳累而死；有的奄奄一息不能工作，就残忍地被断食绝水活活饿死。

狼狈为奸

为了自身利益，蚂蚁群中常会发生损人利己、狼狈为奸的事。蚜虫是庄稼的敌人，它在一片叶子上不断地吸食叶汁，同时不断地将消化后的废物从身上分泌出来，这种分泌物对蚂蚁而言是非常可口的“蜜汁”，蚂蚁得到蚜虫的引诱，为了能不断得到“蜜汁”，便心甘情愿为蚜虫服务，待到蚜虫将一张叶片的汁液吸完后，蚂蚁便将行动迟缓的蚜虫驮到新鲜的枝叶上，一旦蚜虫认为是适合自己吸食生存的地方，便驻足吸食，接着又分泌“蜜汁”以报答劳苦功高的蚂蚁。有时候，蚜虫行动迟缓，若有天敌来进攻，蚜虫逃遁不了，此时，蚂蚁镇守在旁，充当卫士，来犯者也就不敢冒犯了。

蟋蟀的姻趣

秋夜，星月皎洁，蟋蟀美妙的弹奏常引人驻足细听。每论蟋蟀，总以“斗”字而谈论，其实，蟋蟀的婚姻也别有一番情趣。

蟋蟀为穴居昆虫，昼伏夜出，成虫各自挖掘洞穴，独居一室，只有雌雄交尾时才同穴结伴。生态学家发现在雌雄蟋蟀的交往中，雄性并非主动觅其所爱，而是在穴前不断地鸣叫，以其悠扬的鸣声召唤着雌性到来。欧洲蟋蟀一到傍晚就待在洞口，用前足梳刷颜面，打扮一番，不断发出“唧唧”声。它用这悦耳的“情歌”吸引着远处的雌蟋蟀，等雌蟋蟀到来后，雄蟋蟀即用其触角在雌蟋蟀身上不断地抚弄着，赢得配偶的欢心。

美国新墨西哥大学的圭恩发现一种摩蒙蟋

蟀，其雄性会在自己所在的灌木丛里鸣叫不停，这时差不多会有三只雌蟋蟀跟着跑来，有时三只碰到一起，甚至会争风吃醋，大打出手。如果没有雌蟋蟀到来，这只雄蟋蟀就不再等待，立刻奔向另一地方鸣叫，直至引出雌性来追逐它为止。雌雄蟋蟀“同房”后，雄蟋蟀还要提防同类强者的袭击，有时推开洞口的松土出去为雌蟋蟀觅食，一路上捻须转头，左顾右盼，一旦两雄相遇，就会短兵相接，搏斗一场。

每年立秋前后至9月中旬，山东泰安等地的蟋蟀集市吸引了养虫爱好者前往求购。

（图片来源：视觉中国）

雌雄交配后，雌蟋蟀就要“分娩”了。雌蟋蟀的产卵管细长，呈圆柱形针状，它将产卵管插入泥土或地下植物根茎缝隙中排卵。雌蟋蟀住的“产房”里边有一个很细小而整洁的“套间”，作为产卵后的“育婴”室。因为雌蟋蟀一旦“怀孕”，雄的就变成了“薄情郎”：雌蟋蟀产卵后，小蟋蟀常被雄蟋蟀吃掉。为此，雌蟋蟀在小蟋蟀初生时，绝不让雄蟋蟀看到，以免遭殃。一只雌蟋蟀通常可产卵150—200粒。蟋蟀的卵很有趣，周身覆着一层硬壳，壳上有一道线。当小蟋蟀孵化时，只要用头一顶，硬壳就裂开，蟋蟀就脱壳而出。初孵化出来的小蟋蟀比蚂蚁还小，是乳白色幼虫。在立秋前脱壳五六次，在白露期间完成最后一次脱壳，小蟋蟀便发育成熟了。

2018 年 9 月 8 日，重庆四面山的自然保护区内，一只蟋蟀在野草间。
（图片来源：视觉中国）

用蚊子来消灭蚊子

天气渐热，蚊子又开始蠢蠢欲动了，蚊子是最让人讨厌的。长期以来人们用杀虫剂消灭蚊子，但是，杀虫剂对人的健康不利，而且效果不佳。最近，一些科学家经过研究，发现可以用蚊子来消灭蚊子。这一重要的发现，受到世界各国科学家的重视。

世界上的蚊子有几千种。有一种蚊子叫大蚊，它的本领就是专门捕食其他蚊子。大蚊分布很广，从热带到寒冷地区都有。它四处为家，在水桶、水槽和旧汽车胎中，在竹子、香蕉叶中，都能栖身。它体型大，体色美，讨人喜欢。

大蚊头部有一对钳子，平时张开，摆开阵势，一旦发现眼前有蚊子飞过或游过，这强有力的捕获器就马上夹住对方，逮住就吃。

大蚊的头部特写。作者：Luc Viatour

（图片来源：https://commons.wikimedia.org/w/index.php?search=Tipulidae&title=Special:Search&profile=default&fulltext=1#/media/File:Tipulidae_Luc_Viatour.jpg）

现在，这种大蚊已得到联合国的重视，在太平洋塔希提岛上，科学家已成功地对其进行引种饲养。美国正在建立一个公司，能在一星期内能生产和供应 10 万只大蚊。人们发现，饲养大蚊要比研究杀虫剂更经济有效。

停在树叶上的大蚊。

（图片来源：https://commons.wikimedia.org/w/index.php?search=Tipulidae&title=Special:Search&profile=default&fulltext=1#/media/File:Tipulidae_April_2008-2.jpg)

微型花园里的哨兵

工作余暇，漫步在人口稠密的街头巷尾，家家户户大都在阳台楼间开辟着属于自家的微型花园。

随着微型花园的发展，花间小虫亦日益增多，于是人们便使用上了灭蚜净、除蚧宁、杀螨灵等盆花杀虫剂，初用颇见效，久用害虫则对其产生了抗药性而无所畏惧了。原先开辟微型花园是为了绿化、调节空气、陶冶性情，现在反复使用杀虫剂却酿成了环境污染，这对健康不利。

有一年，我出差至江南山区，在阴湿的草丛中挖得数棵茅膏菜，听说它是一种捕虫植物，我好奇地将它移至家里的微型花园中。不久，它顶端长出了新叶，叶面伸展开去，继而绽放出白色嵌红的小花，其叶面生满腺毛，能分泌

透明的黏液。每天下班回来，见有无数的小虫被粘在叶子上面，腺毛紧抱着它，待将小虫躯体吸干后任其残体被风扬去。我用铅笔去碰触叶子，它虽也会卷拢，但不排出黏液，只有捉住昆虫时，叶子表面才开始分泌黏液。

近年来，花事兴旺，捕虫植物也加入了行列，它们用乔装的姿态、艳丽的色彩、浓郁的香气招引昆虫自投罗网。这类植物的捕虫器官多长在叶或茎上，有的铰链式的叶子会把昆虫闭合在内，有的叶表面有无数的触毛，只要昆虫碰到其中一根触毛，叶的两半边就迅速闭合，把昆虫关闭在叶子里。据统计，世界上发现的这类捕虫植物已有5个科，13个属，近400种了。

捕蝇草张开了它的“嘴”，捉住了一只苍蝇。

（图片来源：视觉中国）

现代科学家曾用电子显微镜和其他现代技

术，探索发现捕虫植物有着独特的消化系统，它们的茎叶如人体的胃肠，每当昆虫进入这些茎叶“胃肠”后，茎叶中由“导管”组成的消化腺体，便会分泌出溶解蛋白质、淀粉、脂肪的消化酶。这类消化酶已发现了十多种，另外还发现了两种化学物质，一种是能致昆虫麻痹的胺类物质，另一种是能使昆虫中毒死亡的毒芹碱。

英国科学家曾发现了一块面积约 2 英亩[①]，长满了茅膏菜的土地。在这块土地上的茅膏菜，竟然捕到了大量的危害蔬菜的菜白蝶，平均每棵植株上粘到了 4–7 只菜白蝶，捕获的总数达 600 万只之多，杀虫剂因而被节制使用。

捕虫植物在国外已被广泛栽培，在超市中有特制的捕虫花框栏，专供庭园阳台用，既点缀美化环境，又捕食昆虫，是利用植物消灭害虫的新途径。

我俯首凝视着泥盆内的茅膏草，它默默无闻，傲然挺立，护卫着微型花园，是生物防治中的一位哨兵。倘若园林部门在绿化中能重视这项园艺，广为栽培此类植物并在花圃销售，发挥捕虫植物的哨兵作用，便是一着“高棋”。

---

① 编者注：1 英亩≈ 4046.86 平方米。为尊重作者行文用语习惯，保留其所用单位。

第二章

赖以生存的生物环境

地球上处处有昆虫

昆虫的足迹遍布地球的各个角落，从热带到地球两极，从平原到高山，从地下、地面到空中，从河流到海洋，几乎在所有动植物体上，都有昆虫，连石油中昆虫也能生存。

水蝇能够在高达60摄氏度的温泉中生活，在地球两极零下30摄氏度的地区还生存着20多种昆虫，石油池里的曲蝇能安然无恙地生存，盐蝇能够在盐水中栖息，有的甲虫居然能够适应各种刺激物质和有毒物质。

昆虫的身体虽小，食量却不小。大多数昆虫以植物为食，据统计，地球上的植物约有30万种，而以植物为食的昆虫约有48万种，几乎没有一种植物能免受昆虫的危害。如蝗虫、金龟子、菜白蝶、蝼蛄、蚜虫、果蝇等，对许多

种农作物和果树有害。也有肉食性昆虫，如螳螂、蜻蜓、澳洲瓢虫、红蝽象等，喜食介壳虫、蚜虫、食心虫等害虫，因此它们都是益虫。再有靠吸血为生的昆虫，如雌蚊、臭虫、跳蚤、牛虻等，是传播疾病的害虫。还有一类杂食性昆虫，如苍蝇、蟑螂等，吃动物的尸体、鸟羽、兽皮、尿粪等，甚至有吃毛料衣服、书籍和建筑物的衣鱼、白蚁等昆虫。昆虫的食性很广，这也使它们具有很强的适应能力，因而繁衍不息。

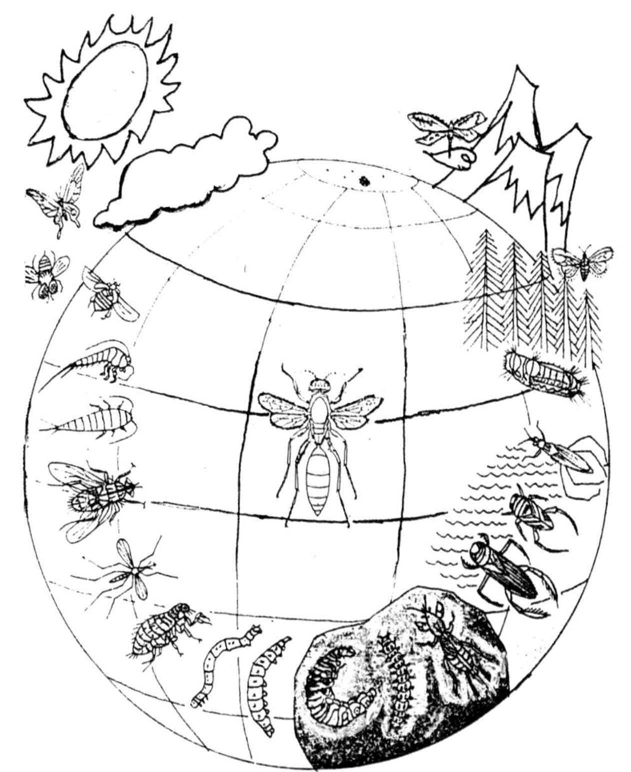

昆虫的足迹遍布地球的各个角落。

都市的病态——污染

人们喜欢都市，却也厌烦住在都市，原因是都市有各种病态的污染在侵害着人们。

污染之一——灰尘

灰尘分粉尘、飘尘和粒尘。科学家研究过，在工厂林立的都市里，每 15 亩[1]的树木一年便可吸尘 30–70 吨，由此可见尘埃数量之大了。尘埃中有铁、铜、铝等的微粒，有钾、磷、石灰的细末，其大小、重量和形状不一，半径为百分之一厘米的铝粒尘，一秒钟内可以下降几米，而体积在十万或二十万分之一厘米的铝粉尘，下降的时间就要长得多，由于它们的重量轻，很容易侵入人体皮肤和呼吸道。灰尘多半由有机物和无机物组成，日积月累，对人体的侵害甚烈。

① 编者注：1 亩≈666.67 平方米。

灰尘的分布与离地面的高度有关，且离地面越近，空气中的尘埃越多。据调查，离地面2000米的空气中的含尘量，只有离地面100米处空气的五十分之一。在同样的海拔高度上，灰尘的分布也有所不同。在晴好干燥的日子里，闹市中的1立方厘米的空气里约有10万粒以上的灰尘，在高山森林地区却只有几十粒。

污染之二——空气

随着工业的发展，加上环境保护工作没有跟上，空气污染危及了人类的生存，其中化学污染物尤为有害。气体中，一氧化碳被专家称作最危险的空气污染物，因为它和人体的血红蛋白的亲和力要比氧高200倍，即使浓度不是很高的一氧化碳，也会降低血红蛋白的携氧量，使人体感到不适。各类使用煤气炉具的场合，最易造成一氧化碳污染。此外，汽油、工业废气中的铅，以及大量喷洒含磷、氯的杀虫剂会造成神经细胞中毒，因为人的神经冲动是通过一种乙酰胆碱酯酶来传导的，而铅、磷等毒物能使乙酰胆碱酯酶丧失活力并衰竭，引起人体死亡。

人们谈及空气污染总以为是在室外环境，其实不然，美国劳伦斯·伯克利实验室研究认为世界上污染最严重的地方是室内，而我们有85%—90%的时间都是在室内度过的。室内空气比室外空气含有更高浓度的污染物。专家监测发现，室内的二氧化碳、一氧化碳的浓度，苯、烃、酮等多种挥发性有机化合物的浓度，还有空气中的细菌及真菌的浓度，都比室外高。此外，新建筑物的材料和涂料等释放出各种有机化合物的混合气体，都是酿成空气污染的“凶手”，其毒性对人体及各种动植物的污染由此可知了。

污染之三——沙化

所谓沙化，指的是都市土壤、树木、花草、河湖急剧减少，景观单调，热岛效应加剧，都市变得燥热的现象。由于土地大量水泥化、沥青化、沙石化，砌成的建筑物鳞次栉比，加上人多水少和水污染，都市人犹如置身于沙漠环境中。

身居都市的上海人，深感绿地匮乏。绿地是城市之肺，上海自开埠以来已175年，眼下却处在绿化面积不达国际标准的境地。由于“肺”得不到充足的氧气，上海人每年因呼吸系统疾

病引起的工作日损失达620万个，经济损失年达4亿元。科学家发现每人必须有150平方米的绿叶面积才能健康生存，空气中的细菌就可减少30%—60%，各种有害气体、灰尘可减少10%—27%，城市噪声也将随之减弱。

为流动沙漠披上“沙障衣”

近年来，我国通过建设沙障促进植被自然恢复，沙障与周边的树林共同形成绿洲外围的生态保护带，阻止沙漠不断向绿洲侵蚀，改善当地的人居环境。

（图片来源：视觉中国）

生态环境与生物多样性

20世纪以来，世界科学家大声疾呼，要拯救地球的生态环境，必须创导、研究、扶育生物多样性。

人类进入20世纪后，许多人对待地球像购置一件商品般地任意使用，他们不仅不关心这颗灿烂的星球，而且刻薄地、肆无忌惮地加以利用，这将使可爱的星球在我们眼前毁灭。

这种没有人性的毁灭，首先就是从人类赖以生存的基础——生物多样性开始的。

生物多样性是地球赐予人类生存的基础。人与自然之间的生态系统应该是平衡与融洽的，如青蛙的减少会导致害虫的增加；猫、蛇等减少，老鼠必然泛滥成灾；失去一对燕子就会有100万只害虫存活为害；一只猫头鹰被猎杀，会造成1000只田鼠吃掉2吨粮食。

有了生物多样性，才有人类、动植物间的稳定性。拿狼来说，古今人类将它视作兽敌，欲杀绝而后快，其实任何生物都是相生相克、一物降一物的，任何生物的存亡都有一个临界线，超过了，必然对其他生物产生副作用。狼，其实可以控制食草动物的数量，它追捕的猎物多数是老、弱、病、残的食草和食肉动物，它消灭了这些老弱病残者，一方面维护了草原和森林生长的生态平衡，另一方面，健康的食草和食肉动物没有了老弱病残的负担，各自的种群得以复壮。所以狼的数量一定要保持，没有狼，就不是一个完整的生态系统，也使生物失去多样性了。正如美国保护狼的基金会主席阿斯金说：“自然界中若没有狼，就像一个钟表缺少了发条一样。”

雪地里的一头狼。
（图片来源：视觉中国）

生物多样性不单包括那些高大、美丽的物种，如大象、鲸、鹦鹉、蝴蝶、参天大树等，它们是人类文明和进取的象征；而那些渺小、无关紧要，甚至被视为肮脏的小生命，如野草、鼻涕虫乃至微生物，却出奇地也需要作为维持人类生命的一部分。中国的黄花蒿以前被视为

野草，后用作中草药，现在被证实它对大脑致命的症疾有特别疗效。几经被弃的秘鲁野生番茄，经过杂交后，因提高了抗病能力而增值。鼻涕虫能产生一种化学上称为 Didemin B 的抗癌物质，生物学家利用它开辟了开发治癌药物的新途径。

黄叶从树上飘落下来，落在泥地上，随着时间的推移而腐烂。绿色的地衣、零星冒出的菌类以及幼虫在陈年腐叶滋养的土地上欢快生长。一只绿色的青蛙静静地蹲在盛开的无名小花下。这是人类赖以生存的自然的一角。

（图片来源：视觉中国）

生物多样性的破坏源于人类认识和行为的不当，破坏了地球上的生态环境，人类便处于缺少生物多样性的“生态沙漠”之中。我们急需建立生态环境学，学习生物多样性的知识，提高保护环境的意识，不然，自然界的报复就会接踵而来。

21 世纪的生物资源

人类在迎接 21 世纪到来之际，恰逢联合国成立 55 周年庆典，各国首脑商讨缔造一个和平的世界，共同关注当今世界面临的人口、资源、环境、粮食与能源五大危机问题。这五大问题尽管表现形式不同，但实际上都与生物资源合理利用与保护有直接或间接的关系。一旦解决了资源危机，将给其他四大危机的缓和与解决带来希望。

从“焚林而狩”到“保护公约”

21 世纪是生物学的世纪，这是国际学术界的共识。而动植物资源的持续利用与保护是人类面临的重要研究课题。

在人类征服自然的过程中，人们对自然的认识是逐渐进步的。古时为了猎取大量的生活

资源，采取了“焚林而狩”、“竭泽而渔”、“焚林而田”的掠取方式。现代人为了私欲和金钱更不择手段，触目惊心地“砍伐”地球。生态学家惊呼这种无节制的破坏正在把地球推向绞刑架。他们指出，虽然人与其他生灵一样，为了生存必须摄取食物，但是自然界是人类和其他生物共同居住的园地，“居民”应有互相依存、相互制约的协同关系。人类若不循规律而妄为，必遭大自然的报复。

随着历史的推移、人类活动的加剧，面对已酿成的生态失衡，在20世纪70年代末，生物学中一门新兴的分支学科——保护生物学应运而生了，其主要研究课题就是拯救珍稀濒危物种、野生动植物栖息地的保护及生物资源的持续利用。

1992年联合国在巴西举行“环境与发展大会”。在这次会上我国领导人与全世界150多个国家的首脑共同签署了《保护生物多样性公约》。这标志着人类保护生物进入了一个新的阶段。

救救物种

在过去的2亿年中，自然界每27年就有1

种植物物种从地球上消失，每世纪有90多种脊椎动物灭绝。随着人类活动的加剧，物种灭绝的速度不断加快，现在物种灭绝的速度已比原来的自然过程加快了1000倍！据联合国环境规划署估计，在未来的20—30年中，地球总生物的25%将处于灭绝的边缘；在1990—2020年期间，因砍伐森林而损失的物种数将达到世界物种总数的5%—15%，即每年将损失15000—50000个物种。大量的物种将从地球上消失。

拯救物种，保护生物资源，防止物种灭绝的最好办法是在其栖息地就地保护。为此，从20世纪起各国已纷纷建立自然保护区和各种类型的国家公园。美国黄石国家公园自建立以来已有140多年历史。至2003年，世界各国已建立了10.2万个国家公园和保护区，其总面积占世界土地面积的12.65%。我国自然保护区自1956年开始建立，到2009年底已有2541个。

时下，动物园内的饲养和繁殖，对拯救濒危动物起着最主要的作用。至今全球动物园饲养和繁殖的脊椎动物已达3000种，其中包括150余种重要物种。

从调查“家底”开始

要开拓21世纪的生物资源，首先就得对生物资源进行调查，在了解家底的基础上，才能研究分类、进化。到目前为止，中国只有少部分的生物物种曾被研究过，并予以命名。过去研究分类和进化，主要依靠生物体的形态，并辅以生理特征和生物亲缘关系的远近。近年来由于分子生物学的影响，已经大量采用生物工程中的蛋白质和核酸序列的比较法。以动物学中作为基础研究的分类标本保藏研究工作而言，我国与其他国家相比差距甚大，俄罗斯科学院动物研究所收藏昆虫标本约1亿号，美国收藏昆虫标本约8000万号。我国也赶不上英国，英国前五位机构收藏标本数依次为：自然历史博物馆5850万号，牛津大学940万号，皇家植物园600万号，曼彻斯特大学550万号，皇家苏格兰博物馆500万号。中国科学院动物研究所收藏的标本的数量在我国居首位，也只有300余万号。中科院上海昆虫所有标本65万号。由于我国物种众多，根据现在的进度和保守的估计，对物种种数的家底，我国大致要花100多

年才能基本摸清。然而，为了开拓资源，刻不容缓的大事是对关键种、濒危种、特有种和经济种的种名、分布等进行研究。为此，有关专家正在做不懈的努力。

生物保护结硕果

在20世纪的尾声中，濒危物种的驯化、复壮、引入等生物保护已结出硕果。

19世纪末，生活在北美大草原的6000万头美洲野牛几乎被捕杀殆尽，只剩下了少数分散的集群，总共还不到1000头。从1907年开始，美国将其分别经动物园和私人驯养后，再引入到北达科他、蒙大拿州等自然保护区内，使这种野牛保存了下来且大量繁殖。有名的阿拉伯大羚羊曾被大批捕杀，仅存几头，经物种保护多年后，已有109头重新生活在阿曼的野外。

我国物种再引入工作已有良好开端，1985年有11匹普氏野马从德国和英国返回新疆。麋鹿（又名“四不像”）在古代曾遭大肆捕猎，仅黄河流域出土的麋鹿骨角，就证明每次捕猎常多达数百头，以致它们逐渐稀少到绝迹。1985、1986年我国从英国引入了50多头麋鹿到

北京和江苏大丰。

扬子鳄是饲养条件下繁殖成功的范例。原来野生的只有100多条，捕捉一部分收养后，至1990年已形成了3500条的饲养种群。

大熊猫的饲养繁殖投入的人力、物力最多。1963年9月我国繁殖成活了第一只熊猫。到1986年，我国共繁殖50胎，产仔86只，成活28只。1963年到1988年间全世界饲养的大熊猫约有200头。

我国的特有种和濒危种一直为世人所瞩目，例如我国野生鸡类的种数占世界种数的20%。世界濒危的18种鸡类中有11种分布在中国，其中有许多是特有种。这是国外育种家很难涉足的一个空白区，也是中国今后有竞争力的优势品种研究领域。

当前国际上有关组织正在酝酿相关国家再引入哺乳类28个种、鸟类3个种及一些鱼类的项目，其中有大羚羊、曲角羚、美洲鹤、金狮绒猴、东北虎等。我国也积极研究繁殖东北虎、华南虎、雪豹、扬子鳄、云豹、苏门羚、丹顶鹤、

白唇鹿等 10 多种特有种。

昆虫资源利用 另辟蹊径

全世界已定名的生物约 170 万种，其中昆虫约 100 万种。我国分布的昆虫估计有 15 万种，已定名的仅 5 万种。

人类利用昆虫大致可分为 10 大类：食用昆虫；天敌昆虫；工艺与娱乐昆虫；药用昆虫；工业原料昆虫；饲料昆虫；传粉昆虫；教材昆虫；改良土壤昆虫；指标生态昆虫。

这10大类昆虫资源，经济价值很高。比如“工艺与娱乐昆虫”中的蝴蝶是观赏用的国际贸易商品，它的分类数量、科研成果、市场供需都在不断刷新。又如“药用昆虫”可达 300 种之多，且还在不断发现中。

“传粉昆虫”的效益则更高了。20 世纪 80 年代美国各种农作物经蜜蜂授粉而创造的直接与间接经济效益达 190 多亿美元，而蜂产品——蜂蜜、蜂皇浆、蜂蜡等总收入为 1.4 亿美元：前者比后者高约 135 倍。可是，人们往往重视的是后者，忽视的是前者。多年来欧美等国将人工繁育的野蜂作为商品出售，已形成了新兴

的“传粉昆虫工业”。我国有700多万群家养蜜蜂，数量居世界第二位，蜂蜜和蜂皇浆出口量居世界首位，这些蜜蜂群更是我国果蔬、牧草、中药材及花圃的传粉主力。作物经传粉后产量和质量均明显提高，如苜蓿授粉后种子产量可提高10—20倍，油菜的产量可提高1—2倍等。

综上所述，这10大类昆虫资源在国计民生方面有极重要的价值。保护和开发这些资源，尽快把研究的成果转化为生产力，已成为紧迫的任务。

遗传工程创奇迹

生命现象千姿百态、多种多样，但是生命活动的本质在不同生物体中却是高度一致的，是辩证统一的。为此，科学家在探讨生命本质时，开创了分子生物学，且已成了当代的热点。

分子生物学的核心是遗传工程。一切生物体都由细胞组成，在细胞核内藏着精巧、复杂、微小的一种遗传物质——基因，就是它在起着遗传作用。基因一旦被人类所了解、操纵，人类便可按自己的意图改变它，让它朝着人们需要的方向发展。

一切生物体的生命活动都摆脱不了基因遗传物质，而且都通过这浩瀚的微观世界来表达和施展自己的意愿和技能。人类在近60年中利用基因工程生产了很多生物优良品种。秘鲁已经培养出一种蛋白质含量与肉类相当的马铃薯类品种。欧洲已培育出一种会散发出咖啡香味的猪。芬兰研究出一种价值连城的医用奶牛，其牛奶中含有能促进细胞新陈代谢的生长因子，可以治疗严重的贫血症。美国还将抗霍乱毒素的基因转入苜蓿内，因苜蓿是易栽培、成本低、产量高的蔬菜，人们食用这种蔬菜后都将获得对霍乱菌的免疫力。

地球母亲赐给人类各种生存之源。人类需要生物资源，且已发展到了用生物技术把科学幻想变成现实的时代。生物技术对人类生活和产业的影响将会是跨领域的，跨世纪的。

壮阔的亚马孙河（Amazon River）是世界上流量最大、流域面积最广、支流最多、物种最丰富的河流，是地球的“绿肺”。

（图片来源：视觉中国）

森林、水、空气

失去森林，地球就将没有我们所必需的空气和水。英国著名林学家贝格指出，土地没有树木，就等于人体失去了皮肤。

森林是捕捉和转换太阳能的妙手，每棵树上的叶子的表面有许多气孔，每平方厘米的叶面积平均有上万个气孔。有人测算过，一株中等大小的桦树约有 20 万片树叶，可以想象：20 万片桦树叶片加在一起，面积有多么大！而叶子的气孔又是个优良的“调节器”，对阳光、温度、湿度都有灵敏的感觉，再加上树叶中的叶绿素，叶子在阳光作用下，“吃”的是二氧化碳，“喝”的是水，制造出的是树和人类需要的葡萄糖和氧气。

森林能使雨水驯服地听从调配，雨水落在

森林中，一部分被树叶、树枝截留，一部分蒸发到大气中，调节空气中的湿度；还有部分渗入土里，流入江河，以及变成地下水后又成为泉水、井水。树木及其根系还能紧紧抓住降下的雨水、土壤的表土，使土壤不致流失，河水不致泛滥，这样洪水自然会减少。黄河曾是中华民族灿烂文化的摇篮，但黄河两岸由于历代破坏，树木被大批砍伐，只剩下了千里坍塌的黄土，以致在2500年间，黄河决口1500多次，且越到近代灾害越加频繁。而长江两岸由于长期对森林的采伐量超过了其生长量，森林覆盖率已由20世纪50年代的50%下降到现在的不到10%，造成了大量的泥土流失，使水患四起。

根据国际标准，一个国家森林覆盖率达到30%以上，而且分布均匀，就能较好地调节气候，减少自然灾害。我国森林的“家底”不厚，人均占有森林蓄积量为10.89立方米，只有世界人均占有量的69%，所以要大力提倡植树造林。

朱元璋是明朝开国皇帝，也是倡导植树造林最有力的一位明君，他的老家安徽灾多民穷，他就从植树开始，让凤阳、滁州的百姓大批种

植桑、枣、柿等树种，渐渐地改变了那里的生态面貌。朱元璋建都南京后又公布法令，从南京近郊钟山开始遍种桐、棕、榆等树，且要士兵带头屯田植树补充军需，又规定全国每户第一年种树 200 棵，第二年种 400 棵，第三年种 600 棵。由于朱元璋竭力提倡和严加要求，还实行了许多有效的优惠政策，植树之风遍及全国，仅以湖南、湖北两省 1395 年的统计数字来看，人工种植的各种树木就多达 8439 万棵，而古都南京至今还留有不少参天古树呢！

现如今，南京近郊的钟山，古木参天。春来时绿树连荫，秋到时色彩绚烂，四季美景皆让人流连忘返。图为明孝陵石象路。

（图片来源：视觉中国）

野草的贡献

顽强的生命力

“野火烧不尽，春风吹又生”是传颂千载的诗句。

野草之所以遭火劫之后，春风吹又生，主要是因为它有强有力的地下繁殖器官。在自然选择中，野草形成了顽强的抗逆力、高度的适应性和迅速的繁殖力，其根具有强韧性，可经得起400至2500多克的拉力，有的种子可忍受零下40摄氏度的严寒。各国科学家正在通过基因工程，将野草的这些优异功能“移植”到粮食作物上。比如，水稻和麦子在风雨交加之下，极易倒伏，其产量要损失20%；科学家将野草的优异基因转移到水稻、麦子的基因段中，培育出坚韧的叶茎和发达的根系，这样的稻、麦

任凭风吹雨打，始终挺立在田野上不会倒下。美国生态学家新近发现野草经火烧后会产生一种“激发剂”的化合物，它除了能促使自己再生外，还能帮助周围的植物繁衍重生；将这种化合物提取出来，喷洒在人类需要的庄稼上，能提高其产量。

人和自然的和谐物

野草除了有影响庄稼的生长这个缺点之外，与大自然和人类却有着不可分割的联系。如果在一片茫茫的大沙漠中，你或许会非常渴望看见一些绿色植物，即使一棵小草也好；在现代化的城市里，人口密集，环境污染严重，野草却是净化空气、调节温度、改善环境的能手。通常一个人每天需要呼出0.9千克的二氧化碳，吸入7.5千克的氧气，而一亩草地可吸收30个人所排出的二氧化碳，然后又能放出大量的氧气。在夏天，水泥路面的温度常达35摄氏度以上，而草地却不到24摄氏度。更有趣的是，草坪还能降低噪音的强度，吸附一部分尘埃，犹如天然的“减音器”和“吸尘机”，大大保护了人们的健康。

美化城市少不了

绿化面积是衡量城市文明的标准之一。素称“花园王国”的瑞士，所有空旷地面，上栽花树下铺草坪，到处郁郁葱葱，在阳光映照下，显得分外寂静舒适。美国、加拿大、日本等发达国家为了绿化，发明了一种新颖而廉价的植草方法，他们把草籽、肥料及一种特制的黏液混合后喷射在地面斜坡上，形成一层草籽“薄膜”。每平方米的“薄膜”里含有3万粒草籽（约20克重）及100至150克肥料，草籽和肥料被粘在地面斜坡上，经过20天到一个半月，便长成了绿茵如画的锦毯花圃。他们又根据各种环境的需要选用各种草种，如花圃、球场使用平卧式草种；花间树丛采用龙须草种，混合灌木的种籽，既长草又植灌木；还有供四季生长的草种喷射机混合喷射，这样就可以保持终年绿草如茵了。匈牙利还用纺织厂的下脚料做“底板”，在它的上面铺上营养土，然后撒上草籽，配制成各种大小形状的青草“地毯”，根据需要，可将其移到需要铺设的泥土上、公园里、公路两旁和堤坝上，经浇水或雨淋后，嫩绿青翠的“地

毯”草坪便形成了。

地上探矿的标记

以草探矿是一种生物信息标记的应用。唐代的段成式早就总结说：“山上有葱，下有银；山上有薤，下有金；山上有姜，下有铜锡；山有宝玉，木旁枝皆下垂。”虽说这不完全正确，但也说明这些植物与各种金属和非金属矿源的关系。现代探矿者常以草为引导，探到不少含量丰富的新矿。如湖北大冶铜山一带的铜草，盛开紫红色的“牙刷状”花穗。如果土壤中没有铜矿，这种花就少，也难正常生长，地质学家以草为信息物，找到了铜矿之地。

图为呼伦贝尔草原地理风光。

（图片来源：视觉中国）

动物的“维生素”——土壤

你曾否见到，在猪圈、禽舍以及动物园的象宫里，动物戏弄土壤、吞食泥土的各种表现？如猪用鼻子拱土；象吸土甩扬，时或卷土入嘴；家禽啄食泥沙更是惯习；水牛喜欢在泥塘里滚上一身泥巴，肮脏极了，它倒反觉舒服……

究其原因，是土壤里有种类繁多的微生物群，如细菌、真菌、线菌、藻类和原生动物等，它们能分泌各种促使动物进行新陈代谢的酶。动物食取的饲料中，有淀粉、脂肪、蛋白质及纤维素，酶就能催使这些成分加速水解成为简单的易于吸收的化合物。同时，土壤中又存在着钙、钠盐、氧化铁、磷酸盐等矿物质，对动物的发育生长和防治疾病的作用，好比维生素哩！

土壤不仅与动物存在着生物化学上的关系，而且在生物物理学上还有各种“特异”功能呢！譬如鸡鸭利用吃下去的沙粒摩碎搅拌食物，帮助消化。水牛在泥塘里滚上一身泥巴，好比在身上穿了一件“衣裳”，免受吸血昆虫的叮咬。禽兽之类常用“沙浴”来增强肌肤和清洁羽毛。动物如长期不与土壤为伍，就会发育不良，疾病蔓延。

保护土壤，防治土壤污染，呵护我们的地球家园。
（图片来源：视觉中国）

生物的濒危——向人类敲响了警钟

在一次世界性的国际会议上，美国环境质量委员会发表了报告，报告中说，由于动植物资源濒危、环境遭破坏，地球上的生物种类正在急剧减少。这应该引起人们极大的警惕。

森林在急剧减少

原先地球表面几乎被森林覆盖，现在据统计，覆盖率仅为32%。中国的森林面积只占国土的21.63%。在世界160多个国家和地区中，按森林覆盖率和人均占有林地数，我国分别排在第120、121位。全世界森林正以每年1000—2000万公顷的速度被消灭。

旅行鸽与日本狼的灭绝

19世纪初，在北美大陆生息的旅行鸽达50亿只，那时的人们以此为美食，从此旅行鸽遭

到滥捕滥杀，到1914年，在美国辛辛那提动物园，存下的最后一只用来观赏的旅行鸽死去，这个物种从此在地球上消失了。日本有名的日本狼，在19世纪中叶，由于其食物被人类开发食用而大量减少；后来中国的一种洋狗跑到日本，带去的一种犬病毒影响了日本狼的发育，结果到了日本明治末年，日本狼便灭绝了。这说明人类交往得频繁，随之携入的动物病毒也会危及动物的生存。

中国大象命运也不容乐观

远在5万年前的旧石器时代，黄河两岸杉、柳、柏、松，密密层层，那时绿荫深处遍布着中国大象的足迹。距今3千多年前，当时的河南有大量野象，常被商王用来狩猎取乐。从殷墟出土的甲骨文中不仅有“象”字，还记载用象作耕畜。以后，在自然变迁中，因人类的掠夺、生态环境的严重破坏，大象被迫从黄河迁到长江，又从长江被驱逐到中国最南边——西双版纳的偏僻之地。

环境保护标志，提醒人们保护水资源，保护森林，保护动物。

（图片来源：视觉中国）

人类需要反省自己

人口、资源、环境是当前世界面临的最重大的全球性问题，这三个问题与人类的活动息息相关。资源枯竭、环境污染所引起的生物灭绝的速度将比历史上任何时候都更快。科学家惊呼，照此下去，目前地球上的动植物估计约有半数在2050年前将会灭绝。因此，人们深切地认识到：人类为了自身的生存，必须科学地保护、开发和利用动植物资源，这样才能以充沛的人工物质和天然资源去迎接新世纪的到来，以适应突飞猛进的发展年代。

一叶知秋

进入深秋，由于北方的寒流阵阵进逼，南方的暖湿气流步步退却，凉而干的空气渐渐占据了统治地位。由于气温低，空气中水分少，于是人们备感秋季的凉爽。这时，秋叶的变色成了气候变化的“检测仪”。

那么叶子怎么会变色的呢？原来在大自然的树叶中有一批专门为植物乔装打扮的“化妆师”，它们在不同的季节出来为植物装饰门面，其中的叶绿素每到春夏便大显身手，它利用太阳能，与树叶中的水分子、二氧化碳分子交朋友，联合变成氧、碳、氢原子，成为新的化合物，使叶子变成能不断制造糖和淀粉的工厂。

你知道吗？太阳光是由红、橙、黄、绿、青、蓝、紫七种颜色混合而成的，叶绿素吸收红色

光和蓝色光最多，而对绿色光不吸收，却将它反射出来，使叶子青翠碧绿，显示出一派生机，于是大自然成了“绿色的海洋”。

到了秋天，气温下降，光照时间短而弱，白天和晚上温差大，开始出现霜冻，此时的叶绿素逐渐解除了武装，让位于一种花青素。花青素遇碱性变成蓝色，遇酸性变成红色，遇中性又变为紫色。植物在季节变化中，在淀粉转换成糖的过程中，有大量的有机酸参加化学反应，花青素遇到了不断增加的有机酸，使树叶换上了鲜艳的红色。当你漫游在万山红遍的枫树林时，能切身感受到“霜叶红于二月花”的意境。

此外，树木又如一台抽水机，庞大的根系吸收着地下每一滴水分，水经过树干、树枝到达叶面上的气孔，滋润着叶子。但时逢秋季地面干燥，地下水位降低，气温下降，叶子在低温缺水的条件下，叶绿素制造淀粉、糖类的机能也衰退了，此时树干与枝条为了保存自己，被迫断绝了对叶子的水的供应，因此叶子由绿变黄，结束了生命，任由秋风扫落了。

有的树叶到了秋天就变了颜色。摄影：Adi Power

（图片来源：https://commons.wikimedia.org/wiki/File:Leaf_HDR.jpg）

第三章

科技前沿大揭秘

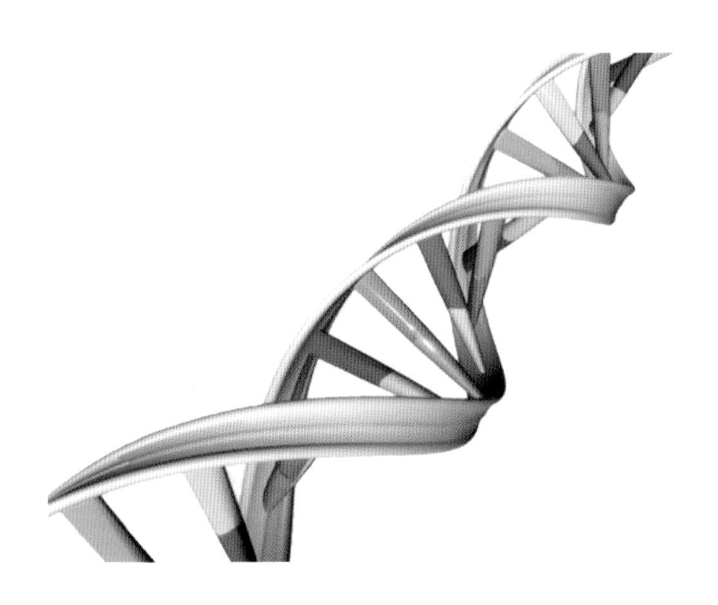

21 世纪的生命科学

生物、生命与细胞

现代生物学的发展已到了研究生物细胞分子的水平，能使人们种瓜不仅得瓜，还能得豆，种豆不仅得豆，还能得瓜。这种改造生命的科学将在 21 世纪得到开拓和利用。美国纽约州布鲁克海文国家实验室已成功地从老鼠身上培养人血细胞，如红细胞、白细胞。科学家指出今后人骨细胞、神经细胞、肌肉细胞等将能在体外再生，然后将这些细胞融合在一起，就会创造出单独的生命有机体。蚱蜢失去了一条腿仍可长出一条新腿，龙虾掉了一条腿，很快也会生出一条伸展自如的新腿，甚至人体的胃切除了一大半，还会生长出与原来一样的胃，并照常有消化功能。由此可以推理，随着生物细胞

的科学研究进一步发展，完全可以再生人体器官，有朝一日，一个失去一条臂膀或大腿的残疾人完全可以长出新的肢体来。

让基因来改造生物体

每种生物的传种接代都是由细胞中的遗传物质核酸决定的，在核酸里又有一种称作“基因”的遗传密码存在，它好比图样，种瓜的有瓜的图样，种豆的有豆的图样，每种生物体就是按照各自的图样代代相传的。科学发展到如今，已产生了试管婴儿，就是把卵细胞与精子细胞结合放在试管里，经过培养，便产生了试管婴儿。

但试管婴儿的诞生，并不能绝对保证婴儿个个都健康，尤其是没有遗传性质的疾病，比如眼盲、耳聋、心脏缺陷症、精神病、肌肉病症等，而各种遗传病在世界上共有4000多种。为了培养智能发达、身体健康的婴儿，科学家正在努力使精子细胞和卵细胞中的基因成分朝着人类需要的方向发展，把细胞中的遗传疾病基因“剪裁”掉，到那时，试管婴儿将能成为健康的、完美的新生代。

科学家有根据地预言，到了21世纪的20—

30年代，人类将能够把人类身体内的遗传结构像一张宇宙星体图一样绘制出来，那时的科学家，尤其是医学专家，可以此为指导，调整病人的生活方式及治疗方法，又可据此帮助健康的人避开体内容易染上的疾病。由于有了遗传医学，那时出生的婴儿可期望活到120岁。

当今成长中的青少年将汲取前辈科学家的成功经验，承上启下，认识自然，改造世界，为整个人类社会的物质进步作出更大的贡献！

转基因植物（transgenic plant）是通过基因工程，导入这种植物原本不存在的基因，以产生新的性状，改善其营养价值，直接对其天敌昆虫具有毒性，提高其对疾病的抵抗力。图中，转基因棉花叶（右侧）比传统棉花叶（左侧）具有更高的抗虫能力。版权人：CSIRO

（图片来源：https://commons.wikimedia.org/wiki/Category:Genetically_modified_plants#/media/File:CSIRO_ScienceImage_405_Genetically_Modified_Cotton_Leaf.jpg）

昆虫资源的开发与展望

全世界到底有多少种昆虫？过去一般认为有 150 万种，到 20 世纪 90 年代，测算有 300 万到 500 万种，其中我国有 15 万种。在整个动物系中，昆虫占据了三分之二，是一支庞大的资源队伍。这一资源宝库在 21 世纪必将成为开发热点。

自古以来，昆虫对人类一直具有极为重要的价值。尤其随着现代生物科学的发展，昆虫在国计民生方面起了很大的作用。目前，供人类利用的昆虫资源主要有以下几个方面。

食用昆虫

食用昆虫在我国历史悠久。历史上有不少昆虫成了楼堂酒馆里的美味佳肴。现在人们食用的昆虫已有蝗虫、蚂蚁、天牛幼虫、蝉的幼

罐装蟋蟀

罐装蟋蟀粉

新型“重口味”面包馅料。

（图片来源：视觉中国）

虫和成虫、白蚁、蟋蟀等十几种。最近，北京和上海等地与虫源产地联合开发以蝉和蚂蚁为原料的软包装食品，在国内外市场均很受欢迎。

工业用昆虫

工业用昆虫中使用最多的要数产丝昆虫了，其中有家蚕、柞蚕、蓖麻蚕和天蚕。我国蚕茧年产量占国际贸易总产量的60%以上，生丝出口占国际贸易的90%，丝绸出口占世界40%。其他如生产丹宁的五倍子蚜，生产白蜡的白蜡虫，生产红色色素的胭脂虫等，我国对它们的利用都居世界前列。

工艺与娱乐用昆虫

蝶类、蛾类和甲虫类昆虫均可作工艺、娱乐之用。它们的色泽和体态艳丽奇美，封埋进球形、菱形、长方形水晶玻璃中，可构成各种艺术造型，美不胜收，颇受青睐。我国传统的蝉蜕工艺品，也深受世界人民喜爱。蟋蟀、金蛉等鸣叫昆虫也是主要的娱乐昆虫，市场前景非常广阔。这些昆虫资源都有待大力开发。目前台湾已有饲养工艺、娱乐用昆虫的作坊，并形成了加工系列。中国大陆的蝶类品种，在数

量上远远多于台湾，但依然停留在分类研究水平，若借鉴台湾的经营方式，进行大规模开发，则前景十分乐观。

药用昆虫

药用昆虫是我国的医药宝库。药用昆虫在李时珍《本草纲目》中记载有 106 种。中华人民共和国成立以来，我国已开发出大量的药用昆虫资源，其中以滋补和治疗恶疾的居多，开发潜力较大。如名贵的冬虫夏草以及原产于高原山区的蝙蝠蛾，近年来已能在江浙平原人工饲养，并获国家专利。蚂蚁的药效与滋补作用现已家喻户晓，供不应求，1994 年以来年销售量在 40—50 吨。用斑蝥提取斑蝥素治癌也成为常例。总之，可用作药材的昆虫，其种群和数量十分惊人，有步骤有目标的开发势在必行。

天敌、授粉昆虫

天敌昆虫目前有赤眼蜂、小黄蜂、金小蜂、卵蜂等几万种，利用天敌昆虫是生物防治的重要途径。我们在利用人工卵培养赤眼蜂，特别是研制无昆虫物质的人造卵方面，受到世界生物专家的瞩目。蜜蜂在我国有 700 万群，居世

界第二位。这些能用来“以虫治虫”和授粉的虫种，在我国已有悠久的历史和较高的研究开发水平，其开发远景不可估量。

土壤昆虫

土壤昆虫在自然生态中已越来越多地为人们所重视，利用它们可以优化土壤，促进物质循环，增加作物产量，监测环境污染。土壤昆虫有腐食性、粪食性、尸食性之分。如白蚁能使枯木分解，老木淘汰，从而加快森林新老树木的代谢。而俗称“粪食金龟”的蜣螂则可被用来清除牛粪。在澳洲，牛的粪便覆盖了牧草地，每 25 头牛可使 1 公顷牧草地被破坏，一年总损失量可达 500 万公顷。自从起用了蜣螂，它们很快把牛粪埋入土下，既清理了牛粪，又肥沃了土壤。如今这些粪食昆虫经人工大量饲养后，已释放在全澳洲的牧场上。为了充分利用土壤昆虫，我国土壤动物学者尹文英院士在十年中，率领国内 10 个研究所和院校的 80 多位动物学工作者，在中国典型地带进行调查研究，所得到的土壤动物共 8 个动物门，20 多个纲，70 多个目，约 400 个科或属，其中昆虫占了很大部分，尹文英院士据此撰写了《中国土壤动物》专著，

对改造土壤、开发自然资源作出了贡献。

此外，教材用昆虫、饲料用昆虫和指标生态昆虫等也具有极其丰富的来源。鉴于昆虫在国计民生方面具有极其重要的价值，保护和开发这些资源，已成为紧迫的任务。为保护我国特有的昆虫资源，我们必须重视昆虫生态生物学的研究，加强对昆虫产地的专业化生产和管理，制定对虫源取材的科研规范，进行宏观规划和微观扶持，落实稳产高产的措施，使昆虫资源的开发利用成为一项重大的生命工程。

一家企业展示的凤凰虫虫干、昆虫蛋白粉和昆虫有机肥。这家企业尝试利用昆虫资源，这是一种新型的环保科学技术，可为人类生活和自然生态带来持续的有机循环。

（图片来源：视觉中国）

克隆大熊猫是否可能

前不久，在一次繁殖大熊猫的学术讨论会上，一位权威科学家提出“克隆大熊猫”的建议，另一位则激烈反对，提出异议。那么克隆大熊猫是否可能呢?

英国胚胎学家维尔穆特创造克隆羊“多利”，展示了潜力无穷的无性繁殖，它将应用于挽救珍稀濒危动物、保存优良品种、器官移植、药用蛋白生产等各个生物学领域。虽然无性克隆大熊猫是一项开拓性的科学研究工作，它得到众多科学家的鼓励和期待，但大熊猫不同于普通的羊，大熊猫无性克隆后，必须有利于大熊猫的生存和繁衍，否则将是对生物多样性的挑战，因为生物多样性是生物繁多和种群发展的基础，也是生物进化的基础。如果克隆出的大

熊猫大量存在，它们都源于同个克隆体，成了具有均一遗传物质的大熊猫，要知道太纯化的物种很容易受到某种外在因素的侵袭（如病毒影响）而消亡，如将克隆大熊猫们再放归到自然保护区内与野生大熊猫共生，不仅会促使生物品种减少，也会使生命个体的生存能力遭到削弱，这将会对生物的多样性产生毁灭性的打击。研究英国疯牛病事件的报告称，此种牛虽不是克隆牛，但也是用人工培育的牛，极易感染疯牛病，只有“土”的在自然环境竞争中生存的牛才不易感染，这说明人工选择的品系也有其缺陷的方面。

“多利”是用乳腺细胞的核与卵胞质体制备成的克隆羊，这证明了动物体细胞核具有全能性，这又增强了研究克隆大熊猫的信心，因其对拯救濒危珍稀动物的学术研究有着重要意义。可是，通过成年体细胞培育成动物个体，仅有“多利”是唯一的实例，它虽然是一头复制的羊，但复制成功率是很低的，是经过277个卵细胞的融合才获得的唯一个体，也就是只有二百七十七分之一的合格率。由此推论，要

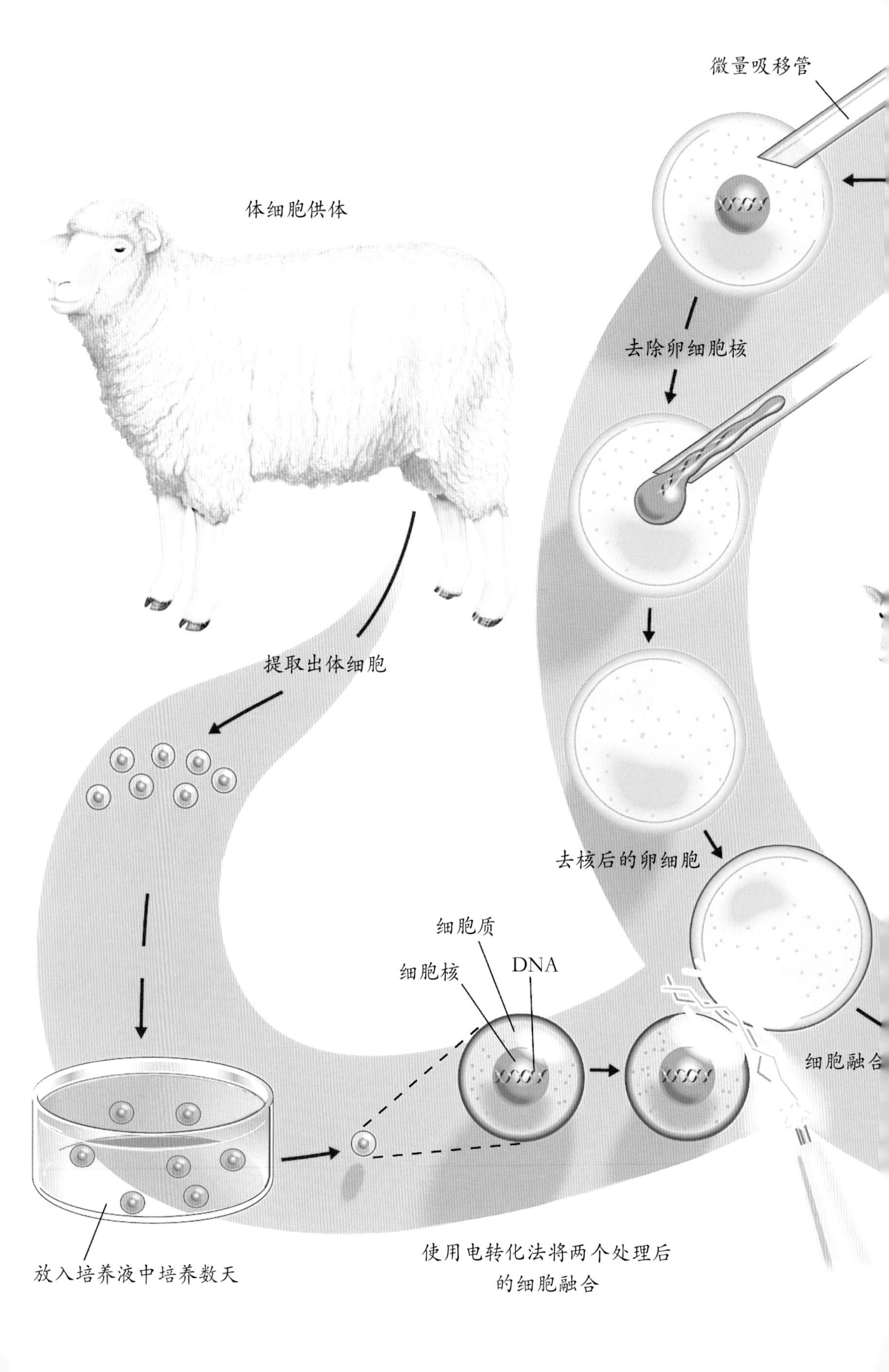
微量吸移管
体细胞供体
去除卵细胞核
提取出体细胞
去核后的卵细胞
细胞质
细胞核
DNA
细胞融合
放入培养液中培养数天
使用电转化法将两个处理后
的细胞融合

克隆羊“多利”的产生
（图片来源：视觉中国）

克隆大熊猫就更难了，首先必须提高克隆大熊猫的成功率，因为供胚胎植入用的大熊猫数量受到限制。克隆其他动物可以淘汰大量不正常的基因，从中选出优良性状的个体，但属于珍稀保护类的大熊猫，野生的基数少，可供克隆实验的则更少，就不能用选优汰劣的方法进行选择，这是难以克隆大熊猫的重要原因。

然而，克隆哺乳动物的生物技术在不断创新，已有胚胎细胞核移植、胚胎分割、胚胎干细胞核移植、体细胞核移植、胎儿成纤维细胞核移植以及胚胎嵌合等技术。科学家的创造发明都是从设想开始的，他们设想利用胚胎嵌合技术进行异种动物彼此妊娠产仔，使珍稀动物得到繁殖，比如利用其他动物代替珍贵的大熊猫妊娠产仔。北京动物研究所研究员陈大元是研究大熊猫复制工作的权威，他探讨了用熊来孕育大熊猫胚胎的可能性，因为这两种动物遗传基因的结构比较相似，在雌熊的子宫中怀胎，最后由它产下大熊猫幼仔。克隆羊“多利”只是拉开了生命科学深入变革的帷幕，而克隆大熊猫的创见，又是一次对生物技术变革的勇敢

挑战，克隆大熊猫何时现端倪，人们将拭目以待。

2018年1月25日，全球顶尖学术期刊《细胞》报道了中国科学家的一项成果：成功培育全球首个体细胞克隆猴。中国科学院神经科学研究所、脑科学与智能技术卓越创新中心的非人灵长类平台里已有两个体细胞克隆猴，分别是2017年11月27日诞生的“中中”和同年12月5日诞生的“华华”。

（图片来源：视觉中国）

摧癌魔弹——单克隆抗体

癌症，对人类可谓罪大恶极，但自从人类发现了单克隆抗体后，大有“一正压百邪”之势，单克隆抗体成为抵抗癌症的新颖“魔弹”。人类征服癌症已近在眼前了。

“单克隆”是英文的译音，指的是两种细胞经培养杂交成了杀癌细胞。它因没有确切的意译名字，就像各种外来语“席梦思”、“可可”、“幽默”、“咖啡”等，暂且称为“克隆”(CLONE)。

早先防治天花，是让牛得麻疹，促使其在体内产生一种预防天花的抗体，人们将抗体提取后制成疫苗，注射到人体内，一旦麻疹病毒侵入人体，抗体就能将来犯者聚而歼之。科学家发现在人体中有上亿种抗体，它们分别对各种来犯者做奋不顾身的战斗。经过多年研究，

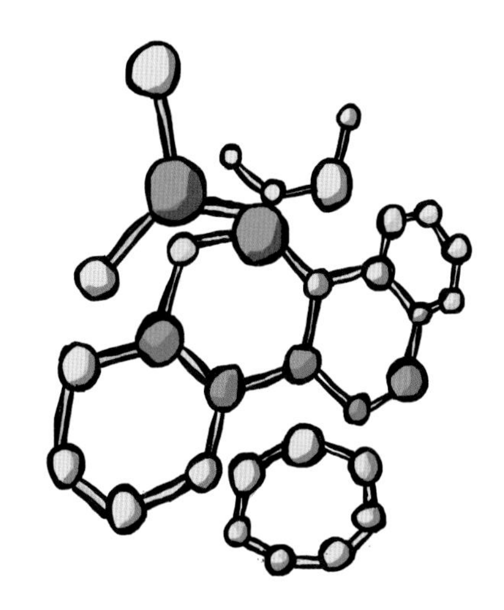

科学家终于发现人体内也能产生置癌于死地的抗体，但是它孤军作战不能繁殖成群，常是癌细胞的手下败将。于是又经过不断地探索，在1975年，英国的科勒和米尔斯两位科学家发明了一种细胞融合术，即将一种对癌症能产生抗体的细胞与另一种繁殖力极强的骨髓细胞结合起来，从而产生了具备上述二者的特性的新型“杂交”细胞，经过实验室培养，源源不断地制造出了成批的这种特种细胞抗体群，并将其称为单克隆抗体。

因为单克隆抗体来自对癌细胞所产生的抗体，它们有着密切的“亲缘”关系，所以单克隆抗体仿佛长了“眼睛”，随着“亲缘”的“牌号”，能准确无误地找上门去向癌细胞展开攻势。但由于单克隆抗体力量较弱，不能完全制伏癌细胞，近年来科学家在单克隆抗体上又加上了各种毒杀癌细胞的药剂或放射性同位素，于是单克隆抗体如虎添翼，像在导弹上装了核弹头，既准确又有威力地将癌细胞一举歼灭。为了使单克隆抗体备有各种强大的弹头，科学家近年又不断提取了对癌细胞致命的毒素，如蓖麻毒、

相思豆毒、白喉毒素等蛋白毒素，这些蛋白毒素中有一种分解酶，它一旦结合到癌细胞后就可使癌细胞死亡，同时却不会杀伤人体的正常细胞。

目前世界卫生组织已建立了单克隆抗体资料库，以加强进一步的研究。

微胶囊为农业服务

胶囊俗称胶丸，长久以来人们多将油剂、粉剂等装入其中作为药品，如鱼肝油胶丸、抗生素胶丸等，吞进肠胃被溶解吸收。随着科学技术的发展，这类胶囊趋向微型化，并且除了医药之外，已普及到了食品、饮料、化妆、肥料、农药等方面。

20 世纪 60 年代以来，由于大量使用农药造成的环境污染和浪费到了惊人的地步，而且各种新农药又不断问世，因此更需要新的剂型和包装为农业现代化服务，微胶囊新技术的出现为农药的使用方法开创了新的途径。从 20 世纪 40 年代起美国对微胶囊就进行了研究，50 年代后便享有了专利权。微胶囊是由一种化学聚合物做成的囊皮，被加工成直径为几至几百微米（1

毫米等于1000微米）的微小胶囊，其囊壁厚度仅为0.1微米至几微米。将农药、肥料等经过特定的加工装入囊管，当一个微胶囊的体积为30立方微米时，在每1克的重量中就约有1亿个微胶囊，人们将微胶囊混合在含有黏性的悬液中，置于普通的喷雾器中即可喷洒，它随雾滴粘在植物的叶子上，昆虫咀嚼植物时，只要有几个微胶囊就足以将其杀死。

微胶囊对昆虫毒杀效果大，且不易被自然环境分解和紫外线破坏。日本科学家将含有农药的微胶囊水悬液经喷雾器喷洒在水稻、麦、豆类、棉花等作物上，能防治蟋蟀、象鼻虫、甘蓝夜蛾等害虫，效果显著。如施用一种甲基对硫磷乳油的农药，用平常的施药方法，3—5天后即失效；而使用微胶囊后，药效能延长到8—11天，此后害虫尚有70%—80%的死亡率，同时又减少了农药使用量。日本科学家还研究微胶囊用于防治牲畜的寄生虫，也收到了显著的疗效。据研究，危害牲畜的寄生虫有的只寄生在肠道内而不在胃内，于是科学家将含有兽药的微胶囊渗入牛、鸡的饲料中，当牲畜将饲料

吃进胃部后，微胶囊却不会分解，待到达肠道后，遇上肠道的分泌物才分解释放出杀虫的兽药成分。日本一些已商品化的昆虫病毒农药，虽对害虫有致病作用，但在阳光的紫外线照射下便显示出不稳定的缺点，如斜纹夜蛾核多角体病毒在阳光照射下活性显著下降，在叶表面经照射 3 小时毒性就降低 50%，后改用微胶囊型就增加了稳定性。

近年世界各国都在研究没有污染的农药——昆虫性信息素，但这种信息素常受自然条件的限制，如受到阳光、氧化、湿度等的影响而效果减低。近年美国、日本、德国等国家用聚合物生产了多种能释放性信息素的微胶囊纤维剂型，它像头发丝那么细，直径在几微米到几十微米之间，并且在聚合物内加入了抗氧化剂和光稳定剂后，便可稳定性信息素的性能和减少其使用量，且又能延长防治害虫的有效期。它一端开口，一端封闭，里边仅含有 100—200 微克的性信息素物质，将微胶囊混合着黏胶，可以用常规喷雾器喷洒在植物的枝叶上。我国科学家目前已鉴定并合成了多种重大害虫的性

信息素，同时也相应地研制出了类似的微胶囊剂型，用于诱捕害虫，效果良好。今后随着科技现代化的发展，微胶囊的新技术将更广泛地应用于农业生产。

图为含有支持细胞的海藻酸钡微胶囊。微胶囊技术用在制药上，可保护敏感成分，控制释放速度，这种技术的优点让它迅速被广泛应用在多种工业领域。版权人：Biomatlab.fe

（图片来源：https://commons.wikimedia.org/wiki/File:Sertoli-caps.tiff）

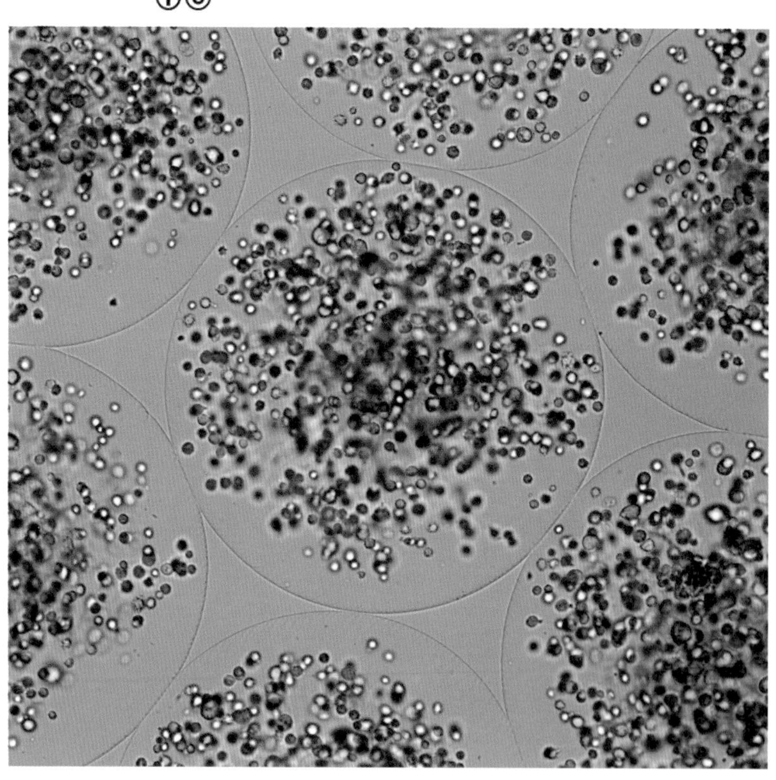

装在细胞里的药物

怎样使病人药到病除，是长期以来医生研究的课题。在医生给病人的药物中，药物必须经历艰难曲折的历程，要经过口、胃、肠和人体各种器官的“关卡”，要冲破重重的围攻阻截，有的被分解得仅存很小一部分才能到达患病的部位，绝大部分被白白地浪费掉了。而药物多数属化学合成物，虽然对患病部位能起治疗作用，却对身体的健康部位起着不良的毒副作用。能否制造出一种治病效率极高的药物呢？

近年来，各国科学家建立了一门细胞医药学。在此基础上，科学家发明了一种能装在细胞体里的药物。因为动植物都由细胞组成，人体由大约500万亿个细胞组成，每种细胞都有独特的功能，在心血管内的红细胞（也称红血球）

像运输工人，不停息地运送氧气和其他有用物质。德国科学家吉莫尔教授根据红细胞能在人体内当运输工人的能力，发明了“细胞药物”，将药物装进红细胞内，直接送到患病部位。

每个细胞的外层都有层膜，称细胞膜，它像能透气的皮球，里面还有各种有生命的细胞器官，在器官之间还有空隙，能容纳外来的客人。科学家将患者的血液细胞抽出来，在高倍电子显微镜下，将细胞放到零摄氏度以下的药物溶液内，然后在千分之一秒的瞬间，对溶液施加一千到一万伏的电压，用这种电化学方法在细胞膜上“打孔”、“钻洞”，在药物溶液内的细胞被“打孔”、“钻洞”的同时，药物就被装入了细胞内。

由于药物分子的大小不等，细胞膜的孔的大小也可不同。科学家可以通过改变电压的高低，在细胞膜上钻出各种不同直径的孔，使药物流入细胞体内并能占有一席之地，而随着温度的回升，当周围温度接近人体温度时，细胞的孔洞会自然封口恢复原状，细胞药物就产生了。

接着，科学家将装有药物的细胞注射到患病的人体血液里，它们顺着人体的血管，随着血液不断流动，遇到受感染的细胞后，就包围这些细胞，释放细胞体内的药物，将有病的细胞歼灭掉，而不伤害体内任何其他健康的细胞，同时，自身体内的药物及其生命力也随之衰弱，被血液送到肝脏那里进行分解，与其他细胞一样直到老死，随即肝脏又制造出新的血细胞。

科学家正使用这一最新科学成果来与疑难杂症的细胞开展斗争，如遗传病细胞、特异性细胞、肿瘤细胞等。过去治疗肿瘤要用大剂量的抗癌药物，因剂量过大，破坏了健康的人体细胞组织；而运用细胞药物，医生只要根据肿瘤细胞的类别和数量，将装有相应的抗肿瘤药物的红细胞送达患病的部位，细胞药物在消灭了肿瘤细胞后，到达肝脏也被分解掉了。

细胞药物的研制，在医院临床试验中已得到可喜的收获，它像一颗新星在闪耀着光芒，给人类带来不可估量的福音。

病毒都是杀手吗？——从微生物谈起

病毒，顾名思义，是致病的有毒类生物，因此，人们对其充满戒心。其实，病毒并非都是坏蛋。

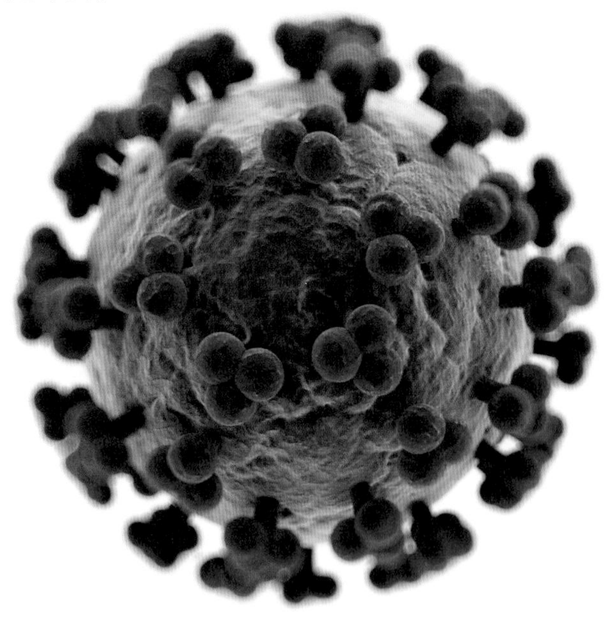

人类免疫缺陷病毒颗粒（HIV）3D 示意图。（图片来源：视觉中国）

病毒是微生物大家庭中的一员，其他还有细菌、真菌等。病毒是其中最小的微生物，只

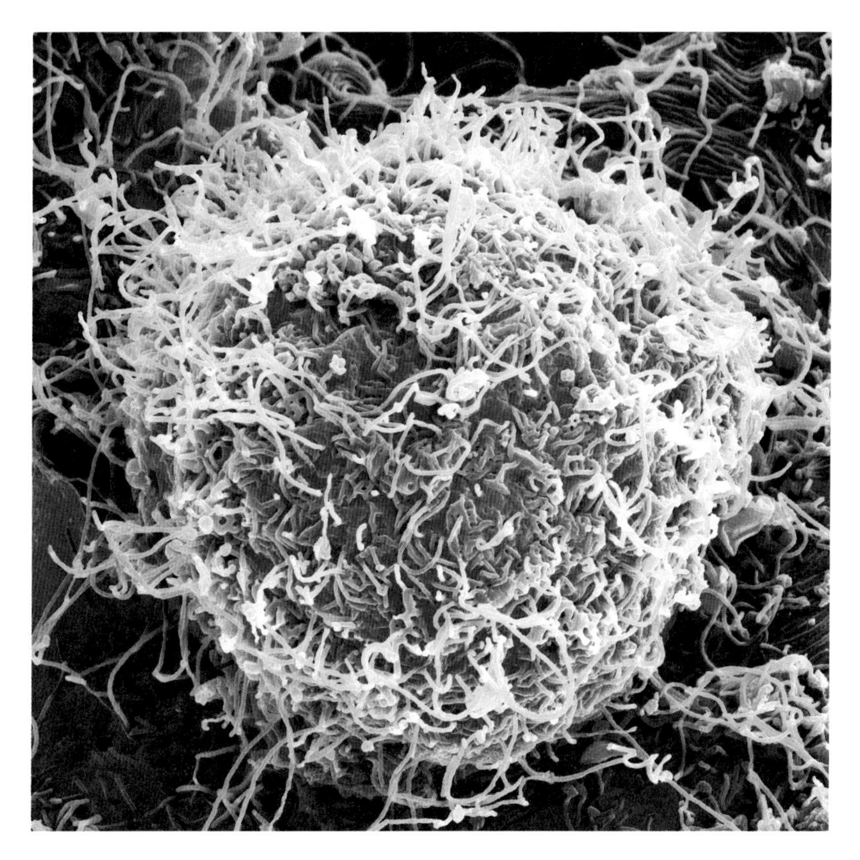

电子显微镜下的埃博拉病毒颗粒（绿色），彩色扫描合成图。作者：BernbaumJG

（图片来源：https://commons.wikimedia.org/wiki/File:Ebola_Virus_-_Electron_Micrograph.tiff）

有细菌的十分之一，甚至百分之一、千分之一大小。由于太小了，只能放在极高倍数的电子显微镜下才能看到。它结构简单，不具细胞结构，只含有一种形式的核酸，即DNA或RNA核酸，并由此分为两大类病毒。它们不能独立进行代谢活动，是寄生在活细胞内生存的，真有孙悟空钻进铁扇公主肚内的本领，它们在细胞里繁殖，使细胞死亡，酿成各种疾病，癌症就是人类当今的顽症。

但是，大千世界，无奇不有，在病毒中有有害病毒，也有有益的病毒，可起到“一物降一物”的作用。人种了牛痘可以产生对天花的免疫力，牛痘疫苗就是经人工改造后毒性减弱的天花病毒。还有一种始终待在肠道内的有益“肠道腐生病毒”，它能促进人体产生防治疾病的干扰素，抑制能致病的肠道病毒、流感病毒等。由此制造的病毒疫苗，就能预防多种传染病，甚至能抗癌。

病毒虽能为人类所利用，却仍是咄咄逼人的恶魔。艾滋病蔓延势头强劲，将成为21世纪头号瘟疫！最近，荷兰阿姆斯特丹大学的斯

文·丹那教授说：研究中心发现90%的艾滋病病毒潜伏在淋巴结中，合并服用三种药剂能神奇地从血液和淋巴结里清除艾滋病病毒。丹那指出，这项试验已经打开了通向彻底治愈艾滋病的大门。所谓“病毒”也完全有可能在以“毒”攻“毒”的新医疗法中败下阵来。

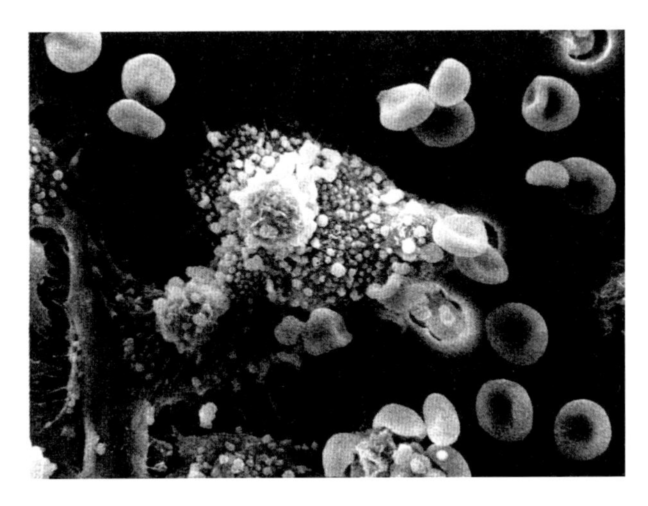

巨噬细胞吞噬癌细胞。拍摄者：Susan Arnold（图片来源：https://commons.wikimedia.org/wiki/File:Macs_killing_cancer_cell.jpg）

从橘子皮上的绿绒毛说开去

有些食品，贮藏久了，表面常出现黑色的、白色的、绿色的绒毛，人们通常称之为“发霉”。久置器皿中的橘子，翻开一看，发现橘子皮上竖立着绿色的绒毛，皮下的橘瓤也腐败了，其味怪苦的，是谁在恶作剧呢？

一只长了绿绒毛的橘子。

（图片来源：视觉中国）

原来是微生物在作怪。微生物中有细菌、真菌、病毒等，在真菌里又分出各种霉菌，橘子皮上的绿绒毛就是由霉菌形成的。不过霉菌对人类也是有功的。我国古代劳动人民就用霉菌来制酱酿酒，色、香、味俱全的酱油就是靠米曲霉菌酿制成的。又比如将豆腐切成小块，接种毛霉菌就可制成特殊滋味的乳腐或臭乳腐。医生为病人治病，常常使用抗生素治疗，最早发现的抗生素——青霉素就是从青霉菌中提炼

出来的。

霉菌靠什么来繁殖后代呢？它们靠的是像橘子皮上的绿绒毛来生儿育女的。霉菌像一团棉絮盖在植物的表皮上，它又细又长，能穿透植物的表皮向纵深发展，然后像“寄生虫”一样不断吸收橘子体内的营养，供自己发育繁殖，同时还要把废料排泄到体外，像毒针般注射到橘瓤内，破坏了橘子的肌体，所以橘子从外表一直烂到了里面。

科学家研究了橘子皮上绿绒毛的功与过后，在 20 世纪 40 年代中期发明了青霉素，应用于临床后大显神威，它能抑制或杀死对人类身体有害的病菌，于是继青霉素之后，金霉素、氯霉素相继问世。随着现代科学的发展，研究人员又深入研究发现，把化学合成的分子结构进行“改革”，如青霉素中出现了青霉素 G 等治病更广、疗效更大且耐久的品种，从霉菌等各类菌体中发现了几十乃至几百种的抗生素。

近期世界上还出现了一种抗生素新秀，引起世人瞩目，名曰“雪卡霉素”，它竟来自于河豚鱼的血液。河豚鱼的血液对人体有毒，只

要0.48毫克即可致人死命，一尾河豚鱼的血毒可置30个人于死命，这引起了科学家的重视，在20世纪初就开始探索其血毒的奥秘。日本人从1909年起花费了49年进行研究，发现河豚鱼致人死命的血中含有一种“雪卡霉素”的毒素，轰动了医药界。后来又花了10年时间，经提取和化学机理上的转化，有毒的血液成了贵重之物，成了世界珍稀药类，提炼技术绝对保密，因为它可治疗由脑外伤引起的疑难杂症，它的制成品，每千克要1.785亿美元，比黄金还贵。我国科学家独辟蹊径，花了2年时间，创制了中国的“雪卡霉素”，举世赞誉。

从石油中提取“血液”

20世纪以来，石油为人类开拓了一个崭新的有机合成的广阔天地，然而能从石油中提取血液，却是现代科学的奇迹。我国、日本以及美国都做了临床试验，世界上至今已有近300名病人依靠输入这种人工血液而挽回了生命。

石油是一种碳氢化合物，碳和氢在石油成分中占到96%至99%。碳原子与氢原子经过化合和分解的方式，与其他原子构成了千千万万的化合物，其中碳原子和氢原子在一种特殊条件下与氟原子发生猛烈的反应，氟原子将其中的氢原子“驱赶”掉后，与碳原子结合成一种氟碳化合物，掺入乳化剂后成了一种形似牛乳的乳剂，叫氟化碳乳剂。

氟化碳乳剂性能稳定，具有良好的溶氧能

力。人体血液中，每秒钟至少有 200 万个以上的红细胞在生长和死亡，而维持这种新陈代谢必须依靠每一红细胞内的血红蛋白分子，它具有对血液输送氧气和排泄二氧化碳的本领。每当人体因大量失血、贫血或呼吸困难导致缺氧，以及血液输送氧的能力减弱时，如果用氟化碳乳剂便能使人体的红细胞迅速恢复输送氧气的功能，它携带氧气的能力比血红蛋白大两倍，只要 14 到 26 毫秒（1000 毫秒等于 1 秒）就能完成对氧的溶解和释放，而血红蛋白却要 90 毫秒才能完成这一任务。由于氟化碳乳剂的微粒直径小，只有一个红细胞的 1%，因此能够很快到达不允许红细胞通过的毛细血管，这为急救任务起到了“雪中送炭”的作用。

由于这种人工血液是化学品，而不是生命活体，所以容易保藏，人体血液必须冷藏而碳氟化合物却可不经冷藏仍能维持数年，并且具有消毒作用，从而防止了肝炎和其他传染病对人体的感染。它没有血型之分，人人都可以使用碳氟人工血液。

根据科学家的实验，把老鼠浸在氟化碳溶

液中，老鼠并未窒息而死。日本科学家用氟化碳乳剂置换狗血达90%，狗竟也安然无恙。对50位日本病人在紧急情况下使用了这种血液代用品，效果良好。目前对石油中提取的人造血液，尚需继续对其营养物质、维持人体生长平衡、免疫及凝血等方面做研究，以便使其更加完善。

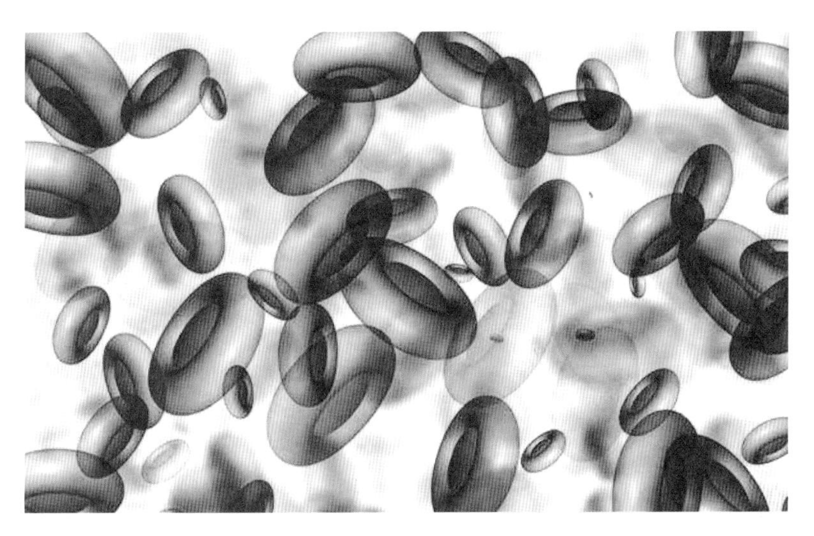

人造血液，电影、演习等许多场合都可能用到。图片作者：Staff Sgt. Lealan Buehrer

（图片来源：https://upload.wikimedia.org/wikipedia/commons/2/2d/182nd_firefighters_act_in_aircraft_crash_exercise_140412-Z-EU280-009.jpg）

给作物“种痘”

用种痘来预防天花，始于我国宋朝，明朝时已被载入了医册。到 18 世纪外国人才普遍运用种痘术来防治天花。这种医术随着科学技术的发展，又运用于动物的免疫系统。现代科学进而又研究将其运用于防治植物病害，尤其是防治农作物的各种病毒病害。于是，为植物“种痘”的科学技术在植物病毒领域里有了新的进展。

给作物“种痘”，如人类种牛痘能防治天花一样，也能防治作物病害的感染，这在医学上称为免疫。据国内外科学家的研究，用“种痘”的方式使果品和蔬菜达到免疫而增产的目的已见成效。例如日本科学家从得卷花叶病的番茄病株中分离出花叶病毒的株系，将这种经人工

培养减低了毒力的“疫苗”接种到番茄幼苗上后，番茄植株均表现出对花叶病的免疫性，因而产量增加了20%—30%；而没有接种的植株却先后发生了花叶病，不能正常生长，减产达80%。荷兰科学家又进一步把“疫苗”制成浓缩状态，已作为商品出售。澳大利亚用此法防治柑橘剥皮病类病毒，效果也很显著。我国科学工作者也用类似方法，在番茄和青椒上“种痘”，结果“种痘”的比不“种痘”的增产11%—45%，且效果稳定。这类“痘苗”经过一年半的连续培养传代，效果仍非常显著。

给作物“种痘”的方法有两种。一是浸根法，即待番茄长出2片真叶时进行移栽。二是喷雾法，就是将培养所得的“痘苗”加适量的水稀释，在番茄4、5叶期，用喷雾器喷在秧苗上，每平方米约喷500毫升接种液。

为了使给作物“种痘”防病这一新技术进一步推广试验，还需要研究在农村生产疫苗和简便易行的操作方法。近期美国加利福尼亚州的科学研究机构正在进行合成疫苗的研究，他们从遗传工程出发，发现致病菌遗传体上的蛋

白质，可用化学合成制品来替代。如果实验证明合成疫苗与用致病菌制造的疫苗同样有效，那么，合成疫苗就比在活体上用人工培育“痘苗”优越得多了。

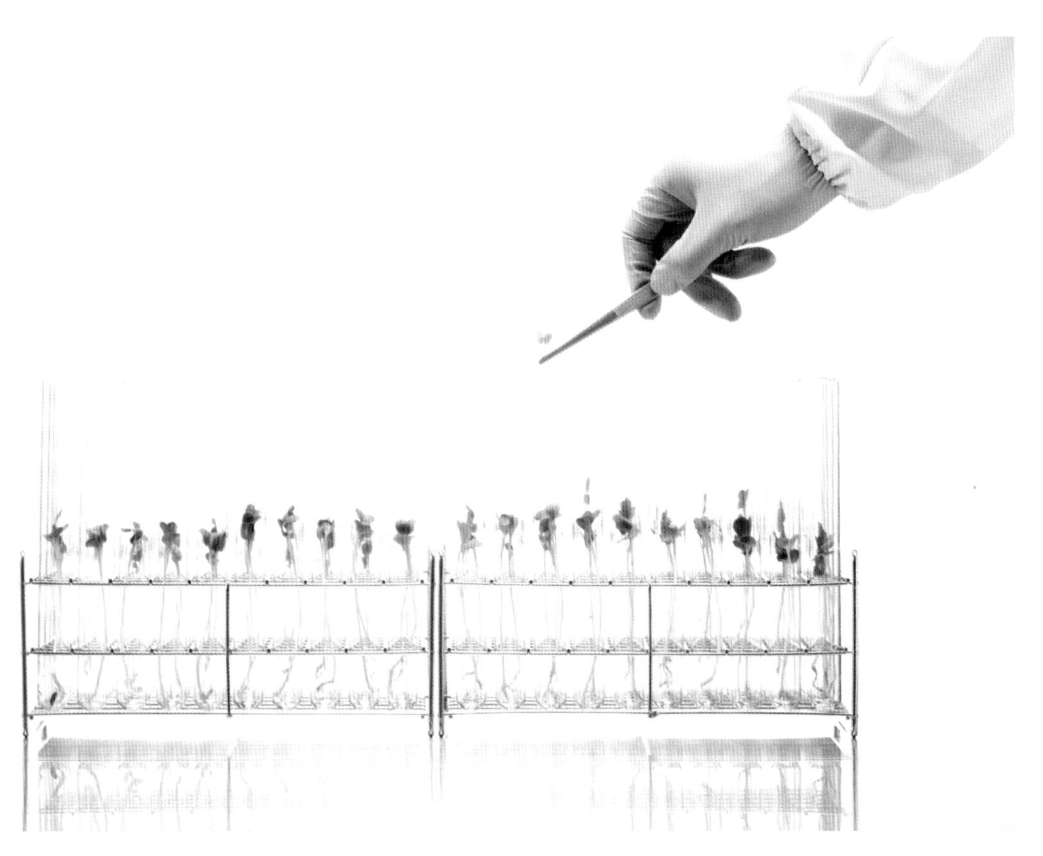

（图片来源：视觉中国）

我国对人工寄生卵研究获成果

近代开展生物（利用天敌）防治农林害虫，在繁育寄生蜂的方法上，主要是采集、培养天然寄主卵来繁蜂，如用柞蚕卵、蓖麻蚕卵、松毛虫卵、米蛾卵来繁殖赤眼蜂，从而防治玉米螟、稻纵卷叶螟、松毛虫、棉铃虫、粟灰螟、甘蔗螟、梨小食心虫等害虫。可是，随着生物防治的开展，用蜂量增加，繁蜂用的寄主卵常供不应求，致使大面积繁蜂、放蜂受到限制。

近年来，随着生物化学的发展，人工寄生卵诞生了。这为广泛开展繁育寄生蜂防治害虫提供了方便条件。

前些年，国外科学家曾用人工蜡膜做成卵，称作树脂人造卵，用它引诱赤眼蜂产卵；同时，又用昆虫血淋巴，以及用氨基酸溶液在体外培

养赤眼蜂，都取得了成功。现在我国不仅也取得这方面的成功经验，而且有了新的发展，研究出不需添加任何昆虫物质，只用鸡蛋黄、牛奶、鸡胚液、氨基酸、盐类溶液等配制成的各种培养液；也研究出代替天然卵壳的多种人工薄膜，让赤眼蜂分别透过这些薄膜，把卵产到人工培养液里。这些人工薄膜都取得了不同的成功效果，有的一开始的化蛹率就达到 10% 左右，并有羽化、交配、繁殖后代的能力。在一种人工薄膜上，一只赤眼蜂产卵最多可达 200 余粒。试验还证明：赤眼蜂是能够在平面的薄膜上产卵的。

另外，有关单位对北美姬蜂、红铃虫姬蜂、螟卵啮小蜂等在人工培养液中产卵的研究，也有了收获。他们成功地诱使螟卵啮小蜂在含有人工培养液的模拟卵中产卵，最多可达 216 粒。

近代医药学的新课题——蜂毒

我国劳动人民驯化和利用蜜蜂有着悠久的历史，在宋、元时期已具有很高水平。然而，蜜蜂的蜂毒及其防治、利用，却是近代医学和药理学方面研究的课题。

一、和睦的大家庭

蜜蜂，全世界约有 20000 种，其中已记载的有 12000 多种，在分类上基本分为东方蜜蜂和西方蜜蜂及其许多变种。我国蜜蜂属东方蜜蜂，据估计有 3000 多种，常见种类共 106 种，隶属 76 科 40 属。东方蜜蜂一般称中蜂，北方中蜂又比南方中蜂大。蜜蜂是群栖性昆虫，每一群蜂，都是由一只蜂王、几百只雄蜂和上万只工蜂组成。母蜂（蜂王）只管繁殖；雄蜂只管交配，无毒腺和螫刺；工蜂为生殖系统不发

达的雌性蜂，专管采蜜、酿蜜、喂饲幼虫、筑巢及防御等，它的腹部呈圆锥形，末端尖细，有毒腺和螫刺。它们各司其职，在大家庭中和睦相处。一旦受敌侵犯，工蜂就群起攻之，它们的武器就是螫刺和毒囊。

二、成分复杂的蜂毒

动物毒素的作用及其化学结构是多样的，多数归为血毒素和神经毒素。蜜蜂的蜂毒是指工蜂用其螫刺刺向“敌人”时，从螫刺内排出的毒汁。蜜蜂的毒刺上生着一排排的倒钩，它的螫刺器官包括毒腺和毒囊。螫人时，毒腺中的毒液就注入人体皮肤里，毒刺也不能缩回而留在被刺的伤口里。这时，螫刺器官上的神经节仍能使肌肉自动收缩，驱使它更深地进入皮内，毒囊里的毒液仍继续流入伤口。

蜂毒是透明微黄的液体，有刺激性，略带苦味而清香，遇酸碱也不易变质。蜂毒的提取物加热到 100 摄氏度，经过十天仍不改变其生物学特性；在冰冻条件下也不减毒力，甚至有杀菌作用；在密封条件下能保藏数年而不坏，是一种比较稳定的物质。蜂毒的成分复杂，主

要有影响神经系统的肽类物质，起溶血作用的多种酶类，还有镁盐和硫、铜、钙等微量元素。其中组胺和乙酰胆碱成分是引起疼痛的物质。肽类物质中的神经毒肽能致人麻痹，在蜂毒中约占 2%，它还能使肌肉过度运动；另一种能溶在血液里的溶血毒肽，是蜂毒中的主要成分，它约占总物质的 50%，它尤其会促使心脏强烈收缩或起抑制作用，使血压在短时间内降得很低。

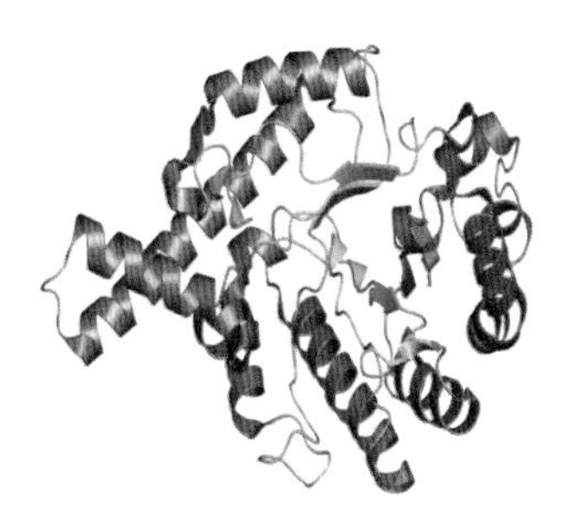

蜜蜂毒液透明质酸酶示意图。作者：Jawahar Swaminathan and MSD staff at the European Bioinformatics Institute（图片来源：https://commons.wikimedia.org/w/index.php?search=bee+venom&title=Special:Search&profile=default&fulltext=1#/media/File:PDB_1fcq_EBI.jpg）

三、蜂毒的危害

世界上因蜂毒而引起的恶果也曾有发生，如巴西，引进了一种性暴、毒大、好斗的非洲蜂，此蜂在自然条件下分窝后与巴西蜂杂交，产生了一种毒性极大、繁殖力强的杂种蜂，结果造成了蜂毒的危害，人们一不小心惊扰它们，就会被群蜂袭击。一位女教师在回家路上，顺手将降落在手背上的一只蜂打死了，顷刻间，远近数百只蜜蜂将她包围起来，轮番攻击，在她身上螫了数百处伤痕，人们将女教师急送到医院，但不等医治就死了。在另一地方，一只警犬把正在攻击它的八岁主人的蜂群引开，虽

然挽救了男孩的生命，但警犬却被群蜂活活螫死了。在巴西，仅二十多年中，因蜂毒而死的就有 150—200 人，是世界上蜂害之首。

当然，我们不能因此“谈蜂变色”。据研究，健康的人同时能经得起 5—10 只蜜蜂的螫刺，只引起局部反应；如果同时受 200—300 只蜜蜂螫刺，可能出现肌体中毒，心血管紊乱，呼吸困难，面色青紫，肌肉痉挛，神经麻痹等严重症状；如同时遭遇 500 只蜂螫，可能死亡，但这种现象极为少见。一般的情况是：被一只或几只蜜蜂螫伤后，螫伤处就剧痛红肿、灼热，或形成水泡，数日内即可恢复。

蜂毒致命的原因，多数在于过敏反应。人们对蜂毒的敏感性各有不同，妇女、儿童和老人的敏感性较大。据统计，大约有 20% 的人对蜂毒敏感；但对蜂毒有高敏者，即受一只蜂螫后就死亡的概率仅为五亿分之一，这是很罕见的事。

四、免疫性及防治法

老练的养蜂家，一生中曾被蜂螫近千次并无中毒现象，这是因为他们宛如种了“牛痘”

后产生了免疫性。有一孩童，一次全身遭到 300 多只蜜蜂围螫，面孔和身体都肿胀，当时人们担心他有生命危险，但三天后浮肿消退，第六天完全复原，据了解，原来孩子的母亲是养蜂老手，怀孕时也经常被蜂螫刺，因而获得了免疫力。

被蜜蜂螫刺后，必须立即把螫针拔去（因为螫针留在皮内的时间越长，进到伤口里的毒液就越多），吮吸出毒液，同时挤压伤口周围的皮肤，然后用冷水敷护螫伤部位，再用 70%—90% 的酒精，或用 5%—10% 碳酸氢钠溶液肥皂水，或用 3% 氨水（阿莫尼亚）溶液涂擦患处；如有过敏患者出现心脏和神经异常，可服 40% 酒精溶液或 25—50 克的酒精加蜂蜜的合剂。蜂螫伤中毒，多数是由于在养蜂场、林区、果区工作或玩耍时，不慎触惊蜂窝而引起的，因此千万不要“捅蜂窝”。

五、利用蜂毒　造福人民

从古埃及文明时期起，人们就运用蜂毒治病。1861 年，苏联的阔姆斯基发表第一篇关于蜂毒治疗风湿病的论文。近四十多年来，研究

蜂毒的国家和使用蜂毒治疗的病种已日趋增多。目前，蜂毒不仅用于治疗风湿性疾病，而且用于治疗血液循环系统障碍、神经官能症、口腔病、皮肤病等疾病。苏联在统计 51 名急性和慢性神经炎病例治疗中发现，经蜂毒制剂皮下注射后，疗程结束时有 41 人痊愈，4 人明显好转，4 人症状改善，2 人复发。这说明蜂毒制剂是治疗神经系统疾病的有效药物。蜂毒治疗心血管疾病，如降低血压、治疗心绞痛等的临床报告很多。我国医务人员曾用蜂毒治疗 48 人高血压患者，结果 13 人痊愈，28 人效果良好，4 人症状改善，1 人无效，余 2 人未能完成疗程，有效率为93.8%。如将蜂毒和其他降压药物合并使用，治疗效果可能会提高。又如，用蜂毒治疗风湿症的效果，据目前搜集到的世界医学文献来看，尚未有否定的报告。

有关蜂毒的研究利用尚在深入探讨中。现在，加拿大已设立了蜂毒治疗中心，在许多临床风湿性疾病的治疗中取得了很大的成绩。各国用蜂毒作为主要原料的制剂有“蜂毒软膏”、“蜂毒灵”、“蜂毒素”等，日本科学家从蜂

毒中提取出一种对昆虫神经起阻碍抑制作用的蛋白质，它使昆虫失去活动能力，从而减轻了对农作物的危害。这种毒素对哺乳动物和鸟类等没有伤害作用，属无公害的农药。现在，他们正计划以苍蝇为实验对象，研究蜂毒的化学结构，以便进行人工化学合成，为生物防治增添新的主力军。近年来，在中国养蜂学会下成立了蜂产品医疗专业组，以蜂毒产品为重点进行研究和交流，努力争取在短时期内作出贡献。

蜜蜂的毒刺。蜂毒的主要成分是蜂毒肽的蛋白质。蜂毒还含有其他化合物，如透明质酸酶、磷脂酶 A、酸性磷酸酶和组胺。蜂毒对许多昆虫和脊椎动物具有显著的毒性作用。作者：Dejan Kreculj

（图片来源：https://commons.wikimedia.org/wiki/Category:Microscopy_images_from_Russian_Science_Photo_Competition_2018）

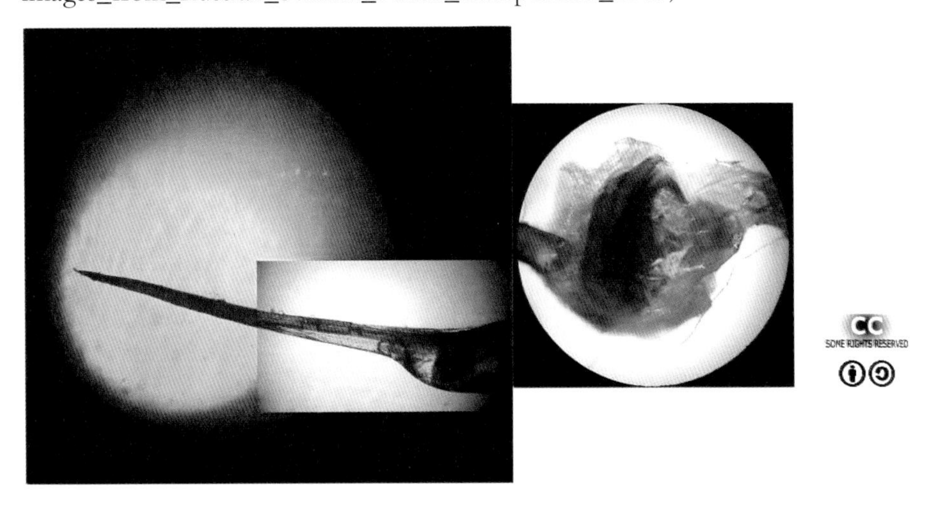

后记

爱妻走了，我在孤独中才知道出入人间仅需一口气，却伴随着难以忘怀的、长长的、深深的情，我热泪盈眶，暗泣断肠。

她回望人间，最后一眼只是落在我身上，叮嘱我莫悲伤，化悲伤为能量，把以前没有做完的文字残稿，以及那些已发表的文章，补阙整理，重振心态，继续把路走下去。

于是在凄凉而沉痛的思念中，我把发表在各大报纸、杂志、综目中的文章翻了出来。这是她缠绵病榻之时为我搜集、剪辑、编排在一张张的白纸上，又分类编目供我有序地查改的，计算下来有 200 篇之多，予以重新出版。

在此，为了寄情已故的爱妻，谨献此书。

在此，谢谢出版社的领导、编辑出版了此书。

柳德宝

2018.1.8